Albo Carlos Cavalheiro

Tópicos de Análise Real

ALBO CARLOS CAVALHEIRO

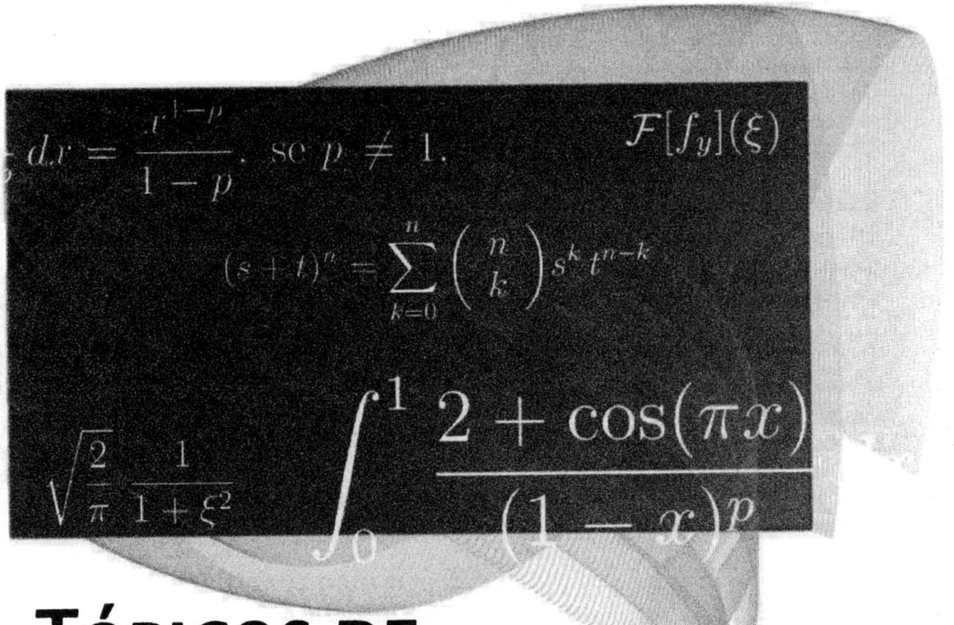

TÓPICOS DE ANÁLISE REAL

EDITORA CIÊNCIA MODERNA

Tópicos de Análise Real

Editor: Paulo André P. Marques
Produção Editorial: Dilene Sandes Pessanha
Capa: Daniel Jara
Copidesque: Equipe Ciência Moderna

FICHA CATALOGRÁFICA

CAVALHEIRO, Albo Carlos.

Tópicos de Análise Real

Rio de Janeiro: Editora Ciência Moderna Ltda., 2018.

1. Matemática 2. Análises
I — Título

ISBN: 978-85-399-0988-9

CDD 510
515

Editora Ciência Moderna Ltda.
R. Alice Figueiredo, 46 – Riachuelo
Rio de Janeiro, RJ – Brasil CEP: 20.950-150
Tel: (21) 2201-6662/ Fax: (21) 2201-6896
E-MAIL: LCM@LCM.COM.BR
WWW.LCM.COM.BR

09/18

Dedico este livro

ao meu pai e à minha mãe,
à Simone e, especialmente, à Larissa.

Introdução

O objetivo deste livro é o de apresentar alguns assuntos da Análise Matemática que geralmente são omitidos ou vistos de uma forma pouco rigorosa nos cursos de graduação. São abordados os conceitos e propriedades das integrais impróprias, funções definidas por integrais impróprias, sequências e séries de funções e o problema de Sturm-Liouville.

Sugerimos ao leitor começar o estudo deste livro pelo Apêndice, onde são apresentados os pré-requisitos básicos necessários.

No Capítulo 1 são apresentadas as definições de integrais impróprias e os principais resultados de convergência e divergência (por exemplo, Critério da Comparação, Teste Limite da Comparação e o Teste de Dirichlet).

No Capítulo 2 é dedicado ao estudo das sequências e séries de funções e de suas principais propriedades (por exemplo, derivação e integração termo a termo de uma série de funções), e também apresentamos os teoremas de aproximação de Bernstein e de Weierstrass.

Já no Capítulo 3 é feito um estudo sobre as funções definidas por integrais impróprias e suas principais propriedades (por exemplo, a fórmula de Leibniz que permite derivar funções definidas por integral, critério de convergência, teste M de Weierstrass e alguns teoremas de convergência).

No Capítulo 4 são apresentados os conceitos de integrais iteradas impróprias.

Utilizando os resultados dos Capítulos 1,3 e 4, são apresentados alguns casos especiais de funções definidas por integrais impróprias: a função Gama, função Beta, a transformada de Laplace e a transformada inversa de Laplace (que possuem aplicações em equações diferenciais ordinárias) e a transformada de Fourier (que possui aplicaçẽs em equações diferenciais parciais), o espaço de Schwartz e a transformada inversa de Fourier.

Para finalizar, no Capítulo 6 é abordado o problema de Sturm-Liouville e também o conceito de função de Green.

Os requisitos necessários para a leitura deste livro são os seguintes: a teoria clássica de funções de uma variável real (limite, continuidade, diferenciação e integral de Riemann), sequência e série numéricas, e conceitos básicos de Álgebra Linear.

Qualquer erro encontrado neste manuscrito é de nossa inteira responsabilidade e, agradecemos, antecipadamente, toda e qualquer sugestão de correção.

A. C. Cavalheiro

Sumário

Capítulo 1

Integrais Impróprias

1.1 Definições de Integrais Impróprias

Uma condição necessária para que uma função $f : [a,b] \to \mathbb{R}$ seja integrável (segundo Riemann) é que f deve ser limitada. Observe que temos duas condições básicas: a função f é limitada e o domínio de integração $[a,b]$ é compacto. Vamos estudar funções quando uma dessas hipóteses é omitida, ou seja, as integrais impróprias.

Definição 1.1 Dizemos que uma função f é localmente integrável em um intervalo I se f é integrável em qualquer intervalo $[a,b] \subset I$.

Exemplo 1.2 A função $f(x) = \operatorname{sen}(x)$ é localmente integrável no intervalo $(-\infty, \infty)$. A função $h(x) = \sqrt{x}$ é localmente integrável em $[0, \infty)$.

Definição 1.3 Seja f uma função localmente integrável em $[a, \infty)$. Definimos a integral imprória

$$\int_a^\infty f(x)\,dx = \lim_{t\to\infty} \int_a^t f(x)\,dx,$$

se o limite existir e for finito. Tal limite denomina-se integral imprópria de f estendida ao intervalo $[a, \infty)$. Neste caso, dizemos que a integral imprópria é convergente. Se $\lim_{t\to\infty} \int_a^t f(x)\,dx$ for ∞, - ∞ ou não existir, dizemos que a integral imprópria é divergente.

Exemplo 1.4 A função $f(x) = \dfrac{1}{x^2}$ é localmente integrável no intervalo $[1, \infty)$. Temos,

$$\begin{aligned}\int_1^\infty \frac{1}{x^2}\,dx &= \lim_{t\to\infty}\int_1^t \frac{1}{x^2}\,dx = \lim_{t\to\infty}\left(-\frac{1}{x}\Big|_1^t\right)\\ &= \lim_{t\to\infty}\left(-\frac{1}{t}+1\right) = 1,\end{aligned}$$

ou seja, a integral imprópria $\displaystyle\int_1^\infty \frac{1}{x^2}\,dx$ é convergente.

Exemplo 1.5 A função $f(x) = \mathrm{e}^x$ é localmente integrável em $[0, \infty)$. Temos,

$$\begin{aligned}\int_0^\infty \mathrm{e}^x\,dx &= \lim_{t\to\infty}\int_0^t \mathrm{e}^x\,dx = \lim_{t\to\infty}\left(\mathrm{e}^x\Big|_0^t\right)\\ &= \lim_{t\to\infty}(\mathrm{e}^t - 1) = \infty,\end{aligned}$$

ou seja, a integral imprópria $\displaystyle\int_0^\infty \mathrm{e}^x\,dx$ é divergente.

Exemplo 1.6 A função $f(x) = \cos(x)$ é localmente integrável em $[0, \infty)$. Temos que

$$\int_0^\infty \cos(x)\,dx = \lim_{t\to\infty}\int_0^t \cos(x)\,dx = \lim_{t\to\infty}\operatorname{sen}(t)$$

não existe, ou seja, a integral imprória $\displaystyle\int_0^\infty \cos(x)\,dx$ é divergente.

Definição 1.7 Seja f uma função localmente integrável em $(-\infty, a]$. Definimos

$$\int_{-\infty}^a f(x)\,dx = \lim_{t\to-\infty}\int_t^a f(x)\,dx.$$

Se o limite existir e for finito, dizemos que a integral imprópria é convergente. Caso contrário, a integral imprópria $\displaystyle\int_{-\infty}^a f(x)\,dx$ é divergente.

Definição 1.8 Seja f localmente integrável em $\mathbb{R}$. Definimos

$$\int_{-\infty}^{\infty} f(x)\,dx = \int_{-\infty}^{0} f(x)\,dx + \int_{0}^{\infty} f(x)\,dx,$$

desde que ambas as integrais impróprias $\int_{0}^{\infty} f(x)\,dx$ e $\int_{-\infty}^{0} f(x)\,dx$ sejam convergentes. Caso contrário, a integral imprópria $\int_{-\infty}^{\infty} f(x)\,dx$ é divergente.

Exemplo 1.9 A função $f(x) = \mathrm{e}^x$ é localmente integrável em $(-\infty, 0]$. Temos

$$\begin{aligned}\int_{-\infty}^{0} \mathrm{e}^x\,dx &= \lim_{t\to-\infty} \int_{t}^{0} \mathrm{e}^x\,dx = \lim_{t\to-\infty} \left(\mathrm{e}^x\Big|_t^0\right)\\ &= \lim_{t\to-\infty} (1-\mathrm{e}^t) = 1,\end{aligned}$$

ou seja, a integral imprópria $\int_{-\infty}^{0} \mathrm{e}^x\,dx$ é convergente.

Exemplo 1.10 Usando os exemplos 1.5 e 1.9, temos que a integral imprópria $\int_{-\infty}^{\infty} \mathrm{e}^x\,dx$ é divergente.

Exemplo 1.11 A função $f(x) = \dfrac{1}{1+x^2}$ é localmente integrável em $(-\infty, \infty)$. Temos,

$$\begin{aligned}\int_{0}^{\infty} \frac{1}{1+x^2}\,dx &= \lim_{t\to\infty} \int_{0}^{t} \frac{1}{1+x^2}\,dx = \lim_{t\to\infty} \operatorname{arctg}(x)\Big|_0^t\\ &= \lim_{t\to\infty} \operatorname{arctg}(t) = \frac{\pi}{2}.\end{aligned}$$

De modo análogo, também obtemos que $\int_{-\infty}^{0} \dfrac{1}{1+x^2}\,dx = \dfrac{\pi}{2}$. Portanto,

$$\int_{-\infty}^{\infty} \frac{1}{1+x^2}\,dx = \int_{-\infty}^{0} \frac{1}{1+x^2}\,dx + \int_{0}^{\infty} \frac{1}{1+x^2}\,dx = \frac{\pi}{2} + \frac{\pi}{2} = \pi.$$

Exemplo 1.12 A função $f(x) = \dfrac{1}{x^p}$ é localmente integrável em $[1, \infty)$. Usando que

$$\int \frac{1}{x^p}\,dx = \frac{x^{1-p}}{1-p}, \text{ se } p \neq 1,$$
$$\int \frac{1}{x}\,dx = \ln(x), \text{ se } p = 1,$$

obtemos

(i) $\displaystyle\int_1^\infty \frac{1}{x^p}\,dx = \frac{1}{p-1}$, se $p > 1$, ou seja, convergente;

(ii) $\displaystyle\int_1^\infty \frac{1}{x^p}\,dx = \infty$, se $p \leq 1$, ou seja, divergente.

Exemplo 1.13 Vamos determinar o valor de $\displaystyle\int_0^\infty e^{-x} x^n\,dx$, para $n \in \mathbb{N}$, usando indução, integração por partes e que $\displaystyle\lim_{t\to\infty} t^n e^{-t} = 0$ (para todo $n \in \mathbb{N}$).

(i) Temos para $n = 1$,

$$\begin{aligned}
\int_0^\infty x\,e^{-x}\,dx &= \lim_{t\to\infty} \int_0^t x\,e^{-x}\,dx \\
&= \lim_{t\to\infty} \left(-\,xe^{-x} - e^{-x} \Big|_0^t \right) \\
&= \lim_{t\to\infty} [(-t\,e^{-t} - e^{-t}) + 1] \\
&= 1 = 1!.
\end{aligned}$$

(ii) Para $n = 2$, temos

$$\begin{aligned}
\int_0^\infty x^2\,e^{-x}\,dx &= \lim_{t\to\infty} \int_0^t x^2\,e^{-x}\,dx \\
&= \lim_{t\to\infty} \left(x^2 e^{-x} \Big|_0^t + 2\int_0^t x\,e^{-x}\,dx \right. \\
&= \lim_{t\to\infty} \left(t^2 e^{-t} + 2\int_0^t x\,e^{-x}\,dx \right) \\
&= 2\int_0^\infty x\,e^{-x}\,dx \\
&= 2 = 2!.
\end{aligned}$$

(iii) De forma análoga, obtemos $\displaystyle\int_0^\infty x^3 e^{-x}\, dx = 6 = 3!$.

(iv) Suponha que $\displaystyle\int_0^\infty x^n e^{-x}\, dx = n!$. Temos,

$$\begin{aligned}
\int_0^\infty x^{n+1} e^{-x}\, dx &= \lim_{t\to\infty} \int_0^t x^{n+1} e^{-x}\, dx \\
&= \lim_{t\to\infty} \left(- x^{n+1}e^{-x}\Big|_0^t + (n+1)\int_0^t x^n e^{-x}\, dx \right) \\
&= \lim_{t\to\infty} \left(- t^{n+1}e^{-t} + (n+1)\int_0^t x^n e^{-x}\, dx \right. \\
&= (n+1)\int_0^\infty x^n e^{-x}\, dx \\
&= (n+1)n! = (n+1)!
\end{aligned}$$

Portanto, $\displaystyle\int_0^\infty x^n e^{-x}\, dx = n!$ (para todo $n \in \mathbb{N}$).

Teorema 1.14 *Suponha que $f_1, ..., f_n$ sejam localmente integráveis em $[a, \infty)$ e que $\displaystyle\int_a^\infty f_j(x)\, dx$ sejam convergentes, $j = 1, 2, ..., n$. Se $c_1, ..., c_n$ são constantes, então $\displaystyle\int_a^\infty (c_1 f_1 + ... + c_n f_n)(x)\, dx$ é convergente e*

$$\int_a^\infty (c_1 f_1 + ... + c_n f_n)(x)\, dx = c_1 \int_a^\infty f_1(x)\, dx + ... + c_n \int_a^\infty f_n(x)\, dx.$$

Demonstração Se $a < t < \infty$ temos

$$\int_a^t (c_1 f_1 + ... + c_n f_n)(x)\, dx = c_1 \int_a^t f_1(x)\, dx + ... + c_n \int_a^t f_n(x)\, dx.$$

Logo, passando o limite quando $t \to \infty$, obtemos o resultado. □

Definição 1.15 Seja f uma função não limitada em $(a, b]$ e integrável em $[t, b]$, para todo $t \in (a, b)$. Definimos a integral imprópria de f em $(a, b]$ por

$$\int_a^b f(x)\, dx = \lim_{t\to a^+} \int_t^b f(x)\, dx.$$

Se o limite existir e for finito, dizemos que a integral imprópria $\int_a^b f(x)\,dx$ é convergente. Caso contrário (ou seja, se o limite não existir ou for infinito), a integral imprópria $\int_a^b f(x)\,dx$ é divergente.

Exemplo 1.16 Considerando a função $f(x) = \dfrac{1}{\sqrt{x}}$, $x \in (0,1]$. Temos,

$$\begin{aligned}\int_0^1 \frac{1}{\sqrt{x}}\,dx &= \lim_{t\to 0^+}\int_t^1 \frac{1}{\sqrt{x}}\,dx = \lim_{t\to 0^+} 2\sqrt{x}\Big|_t^1 \\ &= \lim_{t\to 0^+}(2-2\sqrt{t}) = 2,\end{aligned}$$

ou seja, a integral imprópria $\int_0^1 \frac{1}{x}\,dx$ é convergente.

Exemplo 1.17 Considere a função $f(x) = \ln(x)$, com $x \in (0,1]$. Temos,

$$\begin{aligned}\int_0^1 \ln(x)\,dx &= \lim_{t\to\ 0^+}\int_t^1 \ln(x)\,dx = \lim_{t\to 0^+}(x\ln(x)-x)\Big|_t^1 \\ &= \lim_{t\to 0^+}(t - t\ln(t) - 1) = -1,\end{aligned}$$

(pois $\lim\limits_{t\to 0^+} t\ln(t) = 0$) ou seja, a integral imprópria $\int_0^1 x\ln(x)\,dx$ é convergente.

Definição 1.18 (a) Seja f uma função não limitada em $[a,b)$ e integrável em $[a,t]$ para todo $a < t < b$. A integral imprópria de f em $[a,b)$ é definido por

$$\int_a^b f(x)\,dx = \lim_{t\to b^-}\int_a^t f(x)\,dx.$$

Se o limite existir e for finito, dizemos que a integral imprópria é convergente. Caso contrário, divergente.
(b) Seja f uma função não limitada em $[a,p)$ e $(p,b]$. Se as duas integrais impróprias $\int_a^p f(x)\,dx$ e $\int_p^b f(x)\,dx$ são convergentes, então

definimos a integral imprópria de f em $[a,b]$ como

$$\int_a^b f(x)\,dx = \int_a^p f(x)\,dx + \int_p^b f(x)\,dx.$$

Exemplo 1.19 Considere a função $f(x) = \dfrac{1}{\sqrt[3]{x-1}}$. Temos,

$$\begin{aligned} \int_0^1 \frac{1}{\sqrt[3]{x-1}}\,dx &= \lim_{t\to 1^-} \int_0^t \frac{1}{\sqrt[3]{x-1}}\,dx = \lim_{t\to 1^-} \frac{3}{2}(x-1)^{2/3}\Big|_0^t \\ &= \lim_{t\to 1^-} \left(\frac{3}{2}(t-1)^{2/3} - \frac{3}{2}\right) = -\frac{3}{2}. \end{aligned}$$

De modo análogo, temos que $\displaystyle\int_1^3 \frac{1}{\sqrt[3]{x-1}}\,dx = \frac{3}{2}\sqrt[3]{4}$. Portanto,

$$\int_0^3 \frac{1}{\sqrt[3]{x-1}}\,dx = \int_0^1 \frac{1}{\sqrt[3]{x-1}}\,dx + \int_1^3 \frac{1}{\sqrt[3]{x-1}}\,dx = \frac{3}{2}(\sqrt[3]{4}-1).$$

Exemplo 1.20 Considere a integral imprópria

$$\int_0^{2/\pi} \Big(2x\,\mathrm{sen}(1/x) - \cos(1/x)\Big)\,dx.$$

Temos,

$$\begin{aligned} &\int_0^{2/\pi} \Big(2x\,\mathrm{sen}(1/x) - \cos(1/x)\Big)\,dx \\ &= \lim_{t\to 0^+} \int_t^{2/\pi} \Big(2x\,\mathrm{sen}(1/x) - \cos(1/x)\Big)\,dx \\ &= \lim_{t\to 0^+} \left(x^2\,\mathrm{sen}(1/x)\Big|_t^{2/\pi}\right) \\ &= \lim_{t\to 0^+} \left(\frac{4}{\pi^2} - t^2\,\mathrm{sen}(1/t)\right) \\ &= \frac{4}{\pi^2}, \end{aligned}$$

pois $\lim_{t\to 0^+} t^2\text{sen}(1/t) = 0$. De modo análogo, obtemos

$$\int_{-2/\pi}^{0} \Big(2x\,\text{sen}(1/x) - \cos(1/x)\Big)\,dx = \frac{4}{\pi^2}.$$

Portanto,

$$\begin{aligned}
&\int_{-2/\pi}^{2/\pi} \left(2x\,\text{sen}\left(\frac{1}{x}\right) - \cos\left(\frac{1}{x}\right)\right) dx \\
&= \int_{-2/\pi}^{0} \left(2x\,\text{sen}\left(\frac{1}{x}\right) - \cos\left(\frac{1}{x}\right)\right) dx \\
&+ \int_{0}^{2/\pi} \left(2x\,\text{sen}\left(\frac{1}{x}\right) - \cos\left(\frac{1}{x}\right)\right) dx \\
&= \frac{4}{\pi^2} + \frac{4}{\pi^2} = \frac{8}{\pi^2}.
\end{aligned}$$

Exemplo 1.21 A função $f(x) = (1-x)^{-p}$ é localmente integrável em $[0,1)$.
(a) Para $p \neq 1$, temos

$$\begin{aligned}
\int_0^1 \frac{1}{(1-x)^p}\,dx &= \lim_{t\to 1^-} \int_0^t \frac{1}{(1-x)^p}\,dx \\
&= \lim_{t\to 1^-} \left(\frac{(1-x)^{-p+1}}{p-1}\bigg|_0^t \right) \\
&= \lim_{t\to 1^-} \frac{(1-t)^{1-p} - 1}{p-1} = \begin{cases} 1/(1-p), & \text{se } p < 1, \\ \infty, & \text{se } p > 1. \end{cases}
\end{aligned}$$

b) Para $p = 1$, temos

$$\begin{aligned}
\int_0^1 \frac{1}{1-x}\,dx &= \lim_{t\to 1^-} \int_0^t \frac{1}{1-x}\,dx \\
&= \lim_{t\to 1^-} -\ln(1-x)\Big|_0^t \\
&= \lim_{t\to 1^-} -\ln(1-t) = \infty.
\end{aligned}$$

Portanto,

$$\int_0^1 \frac{1}{(1-x)^p}\,dx = \begin{cases} 1/(1-p), & \text{se } p < 1, \\ \infty, & \text{se } p \geq 1. \end{cases}$$

Exemplo 1.22 Vamos determinar para que valores de $p \in \mathbb{R}$ a integral imprópria $\displaystyle\int_0^{2/\pi} \Big(p\,x^{p-1}\cos(1/x) + x^{p-2}\mathrm{sen}(1/x)\Big)\,dx$ é convergente. Temos,

$$\begin{aligned}
&\int_0^{2/\pi} \Big(p\,x^{p-1}\cos(1/x) + x^{p-2}\mathrm{sen}(1/x)\Big)\,dx \\
&= \lim_{t\to 0^+} \int_t^{2/\pi} \frac{d}{dx}\Big(x^p\cos(1/x)\Big)\,dx \\
&= \lim_{t\to 0^+} x^p\cos(1/x)\Big|_t^{2/\pi} \\
&= \lim_{t\to 0^+} -\,t^p\cos(1/t).
\end{aligned}$$

Para $p > 0$ temos que $\displaystyle\lim_{t\to 0^+} t^p\cos(1/t) = 0$. Já para valores $p \le 0$, o limite $\displaystyle\lim_{t\to 0^+} t^p\cos(1/t)$ não existe. Portanto, a integral imprópria é convergente se $p > 0$ e divergente se $p \le 0$.

Observação 1.23 (a) Na Definição 1.18 (b), se as duas integrais impróprias $\displaystyle\int_a^p f(x)\,dx$ e $\displaystyle\int_p^b f(x)\,dx$ existem, então definimos a integral imprópria de f sobre $[a,b]$ como a soma

$$\int_a^b f(x)\,dx = \int_a^p f(x)\,dx + \int_p^b f(x)\,dx,$$

ou com a notação de limite

$$\int_a^b f(x)\,dx = \lim_{\varepsilon\to 0^+} \int_a^{p-\varepsilon} f(x)\,dx + \lim_{\delta\to 0^+} \int_{p+\delta}^b f(x)\,dx. \tag{1.1}$$

Se esses dois limites existem, então também existe o limite

$$\lim_{\varepsilon\to 0^+} \left(\int_a^{p+\varepsilon} f(x)\,dx + \int_{p+\varepsilon}^b f(x)\,dx \right) \tag{1.2}$$

e tem o mesmo valor. Entretanto, a existência do limite (1.2) não implica a existência de (1.1). Por exemplo, considerando a função $f(x) = 1/x^3$ (e $0 < \varepsilon < 1$), temos

$$\lim_{\varepsilon\to 0^+}\left(\int_{-1}^{-\varepsilon}\frac{1}{x^3}\,dx+\int_{\varepsilon}^{1}\frac{1}{x^3}\,dx\right)=\lim_{\varepsilon\to 0^+}\left[\left(\frac{1}{2}-\frac{1}{2\varepsilon^2}\right)-\left(\frac{1}{2}-\frac{1}{2\varepsilon^2}\right)\right]=0,$$

mas as integrais impróprias $\displaystyle\int_{-1}^{0}\frac{1}{x^3}\,dx$ e $\displaystyle\int_{0}^{1}\frac{1}{x^3}\,dx$ não existem (são divergentes).

Definimos a integral imprópria de f (também chamada integral de Cauchy) como a integral dada por (1.1). O limite em (1.2) (quando existe) é chamado valor principal de Cauchy da integral e denotado por $v.p.c.\displaystyle\int_a^b f(x)\,dx$.

Generalizando, uma função que tenha um número finito de pontos onde não é definida ou não limitada pode ser tratada subdividindo-se o intervalo em subintervalos com esses extremos.

(b) Considere agora a integral imprópria sobre $(-\infty,\infty)$,

$$\int_{-\infty}^{\infty} f(x)\,dx=\lim_{b\to-\infty}\int_b^0 f(x)\,dx+\lim_{c\to\infty}\int_0^c f(x)\,dx. \tag{1.3}$$

A existência do limite

$$\lim_{r\to\infty}\int_{-r}^{r} f(x)\,dx \tag{1.4}$$

não implica que $\displaystyle\int_{-\infty}^{\infty} f(x)\,dx$ seja convergente. Por exemplo, temos que $\displaystyle\lim_{r\to\infty}\int_{-r}^{r} x\,dx=0$, mas $\displaystyle\int_0^{\infty} x\,dx$ e $\displaystyle\int_{-\infty}^{0} x\,dx$ são divergentes. O limite (1.4), quando existe, é chamado valor principal de Cauchy da integral imprópria sobre $\mathbb{R}$ e denotado por $v.p.c.\displaystyle\int_{-\infty}^{\infty} f(x)\,dx$.

1.2 Integrais Impróprias de Funções Não Negativas

Nesta seção vamos estudar as integrais impróprias de funções não negativas. Apresentaremos alguns testes para garantir que uma integral imprópria é convergente ou divergente.

Teorema 1.24 *Seja* $f : [a, \infty) \to \mathbb{R}$ *uma função localmente integrável e suponha que* $f(x) \geq 0$. *Então a integral imprópria* $\int_a^\infty f(x)\,dx$ *é convergente se, e somente se, função* $F(x) = \int_a^x f(t)\,dt$ *é limitada.*

Demonstração Como $f(x) \geq 0$ para todo $x \in [a, \infty)$, temos que a função F é monótona não decrescente no intervalo $[a, \infty)$. Portanto, a existência do limite $\lim_{x\to\infty} F(x)$ equivale ao conjunto $\left\{ \int_a^c f(t)dt \,:\, c \geq a \right\}$ ser limitado. □

Teorema 1.25 (Critério da Comparação) *Sejam* f *e* g *duas funções localmente integráveis em* $[a, \infty)$ *e satisfazendo* $0 \leq f(x) \leq g(x)$.

(i) Se $\int_a^\infty g(x)\,dx$ *é convergente, então* $\int_a^\infty f(x)\,dx$ *é convergente.*

(ii) Se $\int_a^\infty f(x)\,dx$ *é divergente, então* $\int_a^\infty g(x)\,dx$ *é divergente.*

Demonstração (i) Temos que $\int_a^\infty g(x)\,dx = \lim_{t\to\infty} \int_a^t g(x)\,dx = M < \infty$. Como $0 \leq f(x) \leq g(x)$, obtemos que, para todo $a < t < \infty$,

$$\int_a^t f(x)\,dx \leq \int_a^t g(x)\,dx \leq \int_a^\infty g(x)\,dx = M.$$

Como a função $F(t) = \int_a^t f(x)\,dx$ é crescente e limitada, resulta que o limite $\lim_{t\to\infty} F(t) = \lim_{t\to\infty} \int_a^t f(x)\,dx$ existe e é finito. Portanto, a integral imprópria $\int_a^\infty f(x)\,dx$ é convergente. □

Observação 1.26 O Critério da Comparação é válido para qualquer tipo de integral imprópria. Ele é útil se o integrando da integral imprópria é complicado mas pode ser comparado com uma função que é mais fácil de ser integrável.

Exemplo 1.27 Considere as funções $f(x) = \mathrm{e}^{-x}\cos^2(x)$ e $g(x) = \mathrm{e}^{-x}$ em $[0, \infty)$. Temos que

$$0 \leq \mathrm{e}^{-x}\cos^2(x) \leq \mathrm{e}^{-x},$$

e que $\displaystyle\int_0^\infty \mathrm{e}^{-x}\,dx = 1$, ou seja, convergente. Portanto, pelo Critério da Comparação (Teorema 1.25) a integral $\displaystyle\int_0^\infty \mathrm{e}^{-x}\cos^2(x)\,dx$ é convergente.

Exemplo 1.28 Considere a integral imprópria $\displaystyle\int_0^1 \frac{2+\cos(\pi x)}{(1-x)^p}\,dx$.

(i) Para $p < 1$ e $0 \leq x < 1$, temos

$$0 < \frac{2+\cos(\pi x)}{(1-x)^p} \leq \frac{3}{(1-x)^p}.$$

Pelo Exemplo 1.21, temos que $\displaystyle\int_0^1 \frac{1}{(1-x)^p}\,dx$ é convergente se $p < 1$. Portanto, aplicando o Teorema 1.25, obtemos que $\displaystyle\int_0^1 \frac{2+\cos(\pi x)}{(1-x)^p}\,dx$ é convergente (se $p < 1$).

(ii) Para $p \geq 1$, temos

$$0 < \frac{1}{(1-x)^p} \leq \frac{2+\cos(\pi x)}{(1-x)^p},$$

e como $\displaystyle\int_0^1 \frac{1}{(1-x)^p}\,dx$ é divergente (se $p \geq 1$), então $\displaystyle\int_0^1 \frac{2+\cos(\pi x)}{(1-x)^p}\,dx$ é divergente se $p \geq 1$ (pelo Critério da Comparação).

Observação 1.29 Seja $f : [a, \infty) \to \mathbb{R}$ uma função localmente integrável. Então se $a < a_1 < c < \infty$ temos

$$\int_a^c f(x)\,dx = \int_a^{a_1} f(x)\,dx + \int_{a_1}^c f(x)\,dx.$$

Como $\int_a^{a_1} f(x)\,dx$ é uma integral definida, fazendo $c \to \infty$, concluímos que se uma das integrais impróprias $\int_a^{\infty} f(x)\,dx$ ou $\int_{a_1}^{\infty} f(x)\,dx$ for convergente, então a outra também será convergente, e neste caso

$$\int_a^{\infty} f(x)\,dx = \int_a^{a_1} f(x)\,dx + \int_{a_1}^{\infty} f(x)\,dx.$$

Isto significa que todo teorema envolvendo convergência ou divergência de integral imprópria $\int_a^{\infty} f(x)\,dx$ no sentido da Definição 1.3 continua válido se as hipóteses são satisfeitas em um subintervalo $[a_1, \infty)$ de $[a, \infty)$. Por exemplo, o Teorema 1.25 continua válido se $0 \leq f(x) \leq g(x)$ no intervalo $a_1 \leq x < \infty$, onde a_1 é algum ponto em $[a, \infty)$. Com isso, se $f(x) \geq 0$ para algum intervalo $[a_1, \infty)$ de $[a, \infty)$, mas não necessariamente para todo $x \in [a, \infty)$, continuaremos a usar a convenção introduzida para funções positivas, isto é, escrevemos $\int_a^{\infty} f(x)\,dx < \infty$ se a integral imprópria converge. A mesma observação é válida para qualquer tipo de integral imprópria.

Exemplo 1.30 Considere, para $p \geq 0$, a função

$$f(x) = \frac{(x-1)^p(2+\operatorname{sen}(x))}{(x-1/3)^{2p}}.$$

Para x suficientemente grande temos que

$$\frac{1}{2\,x^p} \leq \frac{(x-1)^p(2+\operatorname{sen}(x))}{(x-1/3)^{2p}} \leq \frac{1}{4\,x^p}.$$

De fato, para $x > 1$ temos

(a) $0 < x^p f(x) = x^p \dfrac{(x-1)^p(2+\operatorname{sen}(x))}{(x-1/3)^{2p}} \leq 3x^p \dfrac{(x-1)^p}{(x-1/3)^{2p}} = g(x)$.
Temos que $\lim\limits_{x\to\infty} g(x) = 3$. Logo, para todo $\varepsilon > 0$ existe $M_1 > 0$ tal que se $x > M_1$ implica $|g(x) - 3| \leq \varepsilon$ (ou seja, $3 - \varepsilon \leq g(x) \leq 3 + \varepsilon$). Em particular, para $\varepsilon = 1$ existe $M_1 > 0$ tal que $x^p\, f(x) \leq g(x) \leq 4$, ou seja, $f(x) \leq \dfrac{4}{x^p}$, para $x > M_1$.

(b) Também temos

$$x^p f(x) = x^p \frac{(x-1)^p(2+\operatorname{sen}(x))}{(x-1/3)^{2p}} \geq x^p \frac{(x-1)^p}{(x-1/3)^{2p}} = h(x).$$

Como $\lim_{x\to\infty} h(x) = 1$, dado qualquer $\varepsilon > 0$ existe $M_2 > 0$ tal que se $x > M_2$ temos $|h(x) - 1| \leq \varepsilon$. Em particular, para $\varepsilon = 1/2$ existe $M_2 > 0$ tal que $h(x) \geq 1/2$. Logo, $x^p f(x) \geq h(x) \geq 1/2$, ou seja, temos $f(x) \geq \frac{1}{2x^p}$, para $x > M_2$. Com isso, escolhendo $M = \text{máx}\{M_1, M_2\}$, temos para $x > M$ que

$$\frac{1}{2\,x^p} \leq \frac{(x-1)^p(2+\operatorname{sen}(x))}{(x-1/3)^{2p}} \leq \frac{4}{x^p}.$$

Portanto, usando o Teste da Comparação e o Exemplo 1.12, temos que a integral imprópria

$$\int_1^{\infty} \frac{(x-1)^p(2+\operatorname{sen}(x))}{(x-1/3)^{2p}}\,dx$$

é convergente se $p > 1$ e divergente se $p \leq 1$.

Exemplo 1.31 Considere a integral imprópria $\displaystyle\int_1^{\infty} \frac{\ln(x)+\operatorname{sen}(x)}{\sqrt{x}}\,dx$. Observe que, para $x > \mathrm{e}^2$,

$$\frac{\ln(x)+\operatorname{sen}(x)}{\sqrt{x}} \geq \frac{1}{\sqrt{x}}.$$

Como

$$\begin{aligned}
\int_{\mathrm{e}^2}^{\infty} \frac{1}{\sqrt{x}}\,dx &= \lim_{t\to\infty} \int_{\mathrm{e}^2}^{t} \frac{1}{\sqrt{x}}\,dx \\
&= \lim_{t\to\infty} 2\sqrt{x}\,\Big|_{\mathrm{e}^2}^{t} \\
&= \lim_{t\to\infty} (2\sqrt{x} - 2\,\mathrm{e}) = \infty,
\end{aligned}$$

então, pelo Teste da Comparação, $\displaystyle\int_{\mathrm{e}^2}^{\infty} \frac{\ln(x)+\operatorname{sen}(x)}{\sqrt{x}}\,dx$ é divergente.

Portanto, a integral imprópria $\displaystyle\int_1^{\infty} \frac{\ln(x)+\operatorname{sen}(x)}{\sqrt{x}}\,dx$ é divergente.

Exemplo 1.32 Vamos estudar a integral imprópria $\displaystyle\int_0^\infty \frac{4+\cos(x)}{(1+x)\sqrt{x}}\,dx$.
Considere as integrais impróprias

$$I_1 = \int_0^1 \frac{4+\cos(x)}{(1+x)\sqrt{x}}\,dx \quad \text{e} \quad I_2 = \int_1^\infty \frac{4+\cos(x)}{(1+x)\sqrt{x}}\,dx.$$

(i) Para $0 < x < 1$, temos $0 < \dfrac{4+\cos(x)}{(1+x)\sqrt{x}} < \dfrac{5}{\sqrt{x}}$, e como a integral imprópria $\displaystyle\int_0^1 \frac{5}{\sqrt{x}}\,dx$ é convergente, então I_1 é convergente.

(ii) Para $x > 1$, temos $0 < \dfrac{4+\cos(x)}{(1+x)\sqrt{x}} < \dfrac{5}{x^{3/2}}$. Como a integral imprópria $\displaystyle\int_1^\infty \frac{5}{x^{3/2}}\,dx$ é convergente, então I_2 é convergente.

Portanto, $\displaystyle\int_0^\infty \frac{4+\cos(x)}{(1+x)\sqrt{x}}\,dx = I_1 + I_2$ é convergente.

Teorema 1.33 (Teste Limite da Comparação) *Suponha que as funções f e g são localmente integráveis em $[a,b)$ (com $b < \infty$ ou $b = \infty$), $f(x) \geq 0$, $g(x) > 0$ e que*

$$\lim_{x\to b^-} \frac{f(x)}{g(x)} = M \quad \left(ou \ \lim_{x\to\infty} \frac{f(x)}{g(x)} = M, \ se \ b = \infty \right). \tag{1.5}$$

(i) Se $0 < M < \infty$, então $\displaystyle\int_a^b f(x)\,dx$ e $\displaystyle\int_a^b g(x)\,dx$ são ambas convergentes ou ambas divergentes.

(ii) Se $M = \infty$ e $\displaystyle\int_a^b g(x)\,dx = \infty$, então $\displaystyle\int_a^b f(x)\,dx = \infty$.

(iii) Se $M = 0$ e $\displaystyle\int_a^b g(x)\,dx$ é convergente, então $\displaystyle\int_a^b f(x)\,dx$ é convergente.

Demonstração (i) Por (1.5), pela definição de limite, para todo $\varepsilon > 0$ existe $c \in [a,b)$ tal que para $x > c$ implica $\left|\dfrac{f(x)}{g(x)} - M\right| < \varepsilon$ (ou seja, $M - \varepsilon < \dfrac{f(x)}{g(x)} < M + \varepsilon$). Em particular, para $\varepsilon = M/2$, existe $a_1 \in [a,b)$

tal que

$$0 < \frac{M}{2} < \frac{f(x)}{g(x)} < \frac{3M}{2}, \text{ se } a_1 \leq x < b,$$

e portanto, para $a_1 \leq x <, b$, temos

$$\frac{M}{2}\, g(x) < f(x) < \frac{3}{2} M\, g(x). \tag{1.6}$$

Se a integral imprópria de g em $[a, b)$ é convergente e como $g(x) \geq 0$, então $\int_{a_1}^{b} g(x)\, dx \leq \int_{a}^{b} g(x)\, dx < \infty$. Logo, usando (1.6), obtemos que $\int_{a_1}^{b} f(x)\, dx < \infty$. Com isso, usando que f é localmente integrável,

$$\int_{a}^{b} f(x)\, dx = \int_{a}^{a_1} f(x)\, dx + \int_{a_1}^{\infty} f(x)\, dx < \infty.$$

Agora se a integral imprópria $\int_{a_1}^{b} g(x)\, dx$ é divergente, por (1.6) e pelo Critério da Comparação, obtemos que a integral imprópria $\int_{a_1}^{b} f(x)\, dx$ também é divergente. Logo, como $f(x) \geq 0$, obtemos que integral imprópria $\int_{a}^{b} f(x)\, dx \geq \int_{a_1}^{b} f(x)\, dx$ é divergente.

(ii) Se $M = \infty$, existe $a_2 \in [a, b)$ tal que $f(x) \geq g(x)$ se $x \in [a_2, b)$. Logo, pelo Critério da Comparação, se $\int_{a}^{b} g(x)\, dx = \infty$, então também teremos que $\int_{a}^{b} f(x)\, dx = \infty$.

(iii) Se $M = 0$, então existe $a_3 \in [a, b)$ tal que $f(x) \leq g(x)$ se $x \in [a_3, b)$. Usando o Critério da Comparação, se $\int_{a_3}^{b} g(x)\, dx$ é convergente, então $\int_{a_3}^{b} f(x)\, dx$ é convergente. Portanto,

$$\int_{a}^{b} f(x)\, dx = \int_{a}^{a_3} f(x)\, dx + \int_{a_3}^{b} f(x)\, dx < \infty. \qquad \square$$

Exemplo 1.34 Vamos determinar para que valores de $p \in \mathbb{R}$ a integral imprópria

$$\int_0^{\pi/2} \frac{\operatorname{sen}(x)}{x^p}\,dx$$

é convergente usando o Teorema 1.33. Considere as funções

$$f(x) = \frac{\operatorname{sen}(x)}{x^p} \quad \text{e} \quad g(x) = \frac{1}{x^{p-1}}.$$

Temos que $\displaystyle\lim_{x\to 0^+} \frac{f(x)}{g(x)} = \lim_{x\to 0^+} \frac{\operatorname{sen}(x)}{x} = 1$. Além disso,

$$\begin{aligned}
\int_0^{\pi/2} g(x)\,dx &= \lim_{t\to 0^+} \int_t^{\pi/2} \frac{1}{x^{p-1}}\,dx \\
&= \lim_{t\to 0^+} \frac{1}{2-p}\left((\pi/2)^{2-p} - t^{2-p}\right) \\
&= \frac{1}{2-p}\left(\frac{\pi}{2}\right)^{2-p},
\end{aligned}$$

se $p < 2$. Portanto (usando o Teorema 1.33(i)) a integral imprópria $\displaystyle\int_0^{\pi/2} \frac{\operatorname{sen}(x)}{x^p}\,dx$ é convergente se $p < 2$.

Exemplo 1.35 A função $f(x) = \dfrac{1}{x^p(1+x)^q}$ é localmente integrável em $(0,\infty)$ com $p, q \in \mathbb{R}$. Considere a integral imprópria $\displaystyle\int_0^{\infty} \frac{1}{x^p(1+x)^q}\,dx$. Para verificar se a integral imprópria é convergente, considere as seguintes integrais impróprias

$$J_1 = \int_0^1 \frac{1}{x^p(1+x)^q}\,dx \quad \text{e} \quad J_2 = \int_1^{\infty} \frac{1}{x^p(1+x)^q}\,dx.$$

(i) Analisando a integral imprópria J_1. Considere $g(x) = \dfrac{1}{x^p}$. Temos,

$$\lim_{x\to 0^+} \frac{f(x)}{g(x)} = \lim_{x\to 0^+} \frac{1}{(1+x)^q} = 1.$$

Como,

$$\int_0^1 \frac{1}{x^p}\,dx = \begin{cases} 1/(1-p), \text{ se } p<1, \\ \infty, \text{ se } p \geq 1, \end{cases}$$

então, aplicando o Teorema 1.33(i), temos que $J_1 = \displaystyle\int_0^1 \frac{1}{x^p(1+x)^q}\,dx$ é convergente se $p<1$.

(ii) Analisando a integral imprópria $J_2 = \displaystyle\int_1^\infty \frac{1}{x^p(1+x)^q}\,dx$. Considerando agora a função $h(x) = \dfrac{1}{x^{p+q}}$, temos

$$\lim_{x\to\infty} \frac{f(x)}{h(x)} = \lim_{x\to\infty} \frac{x^q}{(1+x)^q} = 1.$$

Como

$$\int_1^\infty \frac{1}{x^{p+q}}\,dx = \begin{cases} 1/(p+q-1), \text{ se } p+q>1, \\ \infty, \text{ se } p+q \leq 1, \end{cases}$$

então $J_2 = \displaystyle\int_1^\infty \frac{1}{x^p(1+x)^q}\,dx$ é convergente se $p+q>1$.

Portanto, combinando (i) e (ii), obtemos que $\displaystyle\int_0^\infty \frac{1}{x^p(1+x)^q}\,dx$ é convergente se $p<1$ e $p+q>1$. Por exemplo,

(*a*) $\displaystyle\int_0^\infty \frac{1}{\sqrt{x}(1+x)^2}\,dx$ (com $p=1/2$ e $q=2$),

(*b*) $\displaystyle\int_0^\infty \frac{1}{\sqrt[3]{x}(1+x)^5}\,dx$ (com $p=1/3$ e $q=5$),

(*c*) $\displaystyle\int_0^\infty \frac{x^5}{(1+x)^8}\,dx$ (com $p=-5$ e $q=8$),

são integrais impróprias convergentes.

Exemplo 1.36 Considere a integral imprópria

$$\int_1^\infty \frac{(x-\operatorname{sen}(x))^6}{x^8}\,dx,$$

com $f(x) = \dfrac{(x-\operatorname{sen}(x))^6}{x^8}$. Usando a função $g(x) = 1/x^2$, temos

$$\lim_{x\to\infty} \frac{f(x)}{g(x)} = \lim_{x\to\infty} \frac{(x-\operatorname{sen}(x))^6}{x^6} = \lim_{x\to\infty} \left(1 - \frac{\operatorname{sen}(x)}{x}\right)^6 = 0.$$

Como a integral imprópria $\int_1^\infty g(x)\,dx = \int_1^\infty \frac{1}{x^2}\,dx$ é convergente, então pelo Teorema 1.33(iii), obtemos que a integral imprópria

$$\int_1^\infty \frac{(x - \operatorname{sen}(x))^6}{x^8}\,dx$$

é convergente.

1.3 Funções Absolutamente Integráveis

O Critério da Comparação (Teorema 1.25) e o Teste Limite da Comparação (Teorema 1.33) podem ser usados para o estudo da convergência ou divergência de integrais impróprias de funções não negativas. Nesta seção, vamos apresentar critérios para o estudo de integrais impróprias de funções que mudam de sinal no intervalo de integração.

Definição 1.37 Dizemos que uma função $f : [a, \infty) \to \mathbb{R}$ é absolutamente integrável em $[a, \infty)$ se f é localmente integrável em $[a, \infty)$ e $\int_a^\infty |f(x)|\,dx$ é convergente. Neste caso, também dizemos que a integral imprópria $\int_a^\infty f(x)\,dx$ é absolutamente convergente

Teorema 1.38 *Se f é uma função absolutamente integrável em $[a, \infty)$, então $\int_a^\infty f(x)\,dx$ é convergente.*

Demonstração Temos que, $0 \leq |f(x)| + f(x) \leq 2\,|f(x)|$. Utilizando o Critério da Comparação (Teorema 1.25), obtemos que a integral imprópria $\int_a^\infty (|f(x)| + f(x))\,dx$ é convergente. Podemos escrever, para todo $a < t < \infty$,

$$\int_a^t f(x)\,dx = \int_a^t (|f(x)| + f(x))\,dx - \int_a^t |f(x)|\,dx.$$

Como as integrais impróprias $\int_a^\infty (|f(x)| + f(x))\,dx$ e $\int_a^\infty |f(x)|\,dx$ são convergentes, então $\int_a^\infty f(x)\,dx$ também é convergente. □

Exemplo 1.39 Considere a integral imprópria $\int_0^{\infty} \mathrm{e}^{-x}\cos^3(x)\,dx$. Observe que

$$0 \leq |\,\mathrm{e}^{-x}\cos^3(x)| \leq \mathrm{e}^{-x}.$$

Como $\int_0^{\infty} \mathrm{e}^{-x}\,dx$ é convergente, então $\int_0^{\infty} |\,\mathrm{e}^{-x}\cos^3(x)\,|\,dx$ é convergente (pelo Critério da Comparação). Portanto, $\int_0^{\infty} \mathrm{e}^{-x}\cos^3(x)\,dx$ é (absolutamente) convergente.

Exemplo 1.40 A recíproca do Teorema 1.38 não é verdadeira. Vamos verificar que a integral imprópria $\int_1^{\infty} \frac{\mathrm{sen}(x)}{x}\,dx$ é convergente e que a integral imprópria $\int_1^{\infty} \left|\frac{\mathrm{sen}(x)}{x}\right| dx$ é divergente.

(i) Usando integração por partes, obtemos

$$\int_1^t \frac{1}{x}\,\mathrm{sen}(x)\,dx = -\,\frac{\cos(t)}{t} + \cos(1) - \int_1^t \frac{\cos(x)}{x^2}\,dx.$$

Para $x \geq 1$, temos $0 \leq \left|\frac{\cos x}{x^2}\right| \leq \frac{1}{x^2}$ e $\int_1^{\infty} \frac{1}{x^2}\,dx$ é convergente. Logo, a integral imprópria $\int_1^{\infty} \frac{\cos x}{x^2}\,dx$ é (absolutamente) convergente. Além disso, também temos

$$\lim_{t\to\infty} \frac{\cos(t)}{t} = 0.$$

Portanto,

$$\int_1^{\infty} \frac{\mathrm{sen}x}{x}\,dx = \lim_{t\to\infty} \int_1^t \frac{\mathrm{sen}x}{x}\,dx = \cos(1) - \int_1^{\infty} \frac{\cos(x)}{x^2}\,dx < \infty.$$

(ii) Para todo $x \in \mathbb{R}$ temos que $|\mathrm{sen}(x)| \leq 1$. Logo, $\mathrm{sen}^2(x) \leq |\mathrm{sen}(x)|$. Para $x \geq 1$, obtemos

$$\left|\frac{\mathrm{sen}(x)}{x}\right| \geq \frac{\mathrm{sen}^2(x)}{x} \geq 0.$$

Usando integração por partes, obtemos

$$\int_1^t \frac{\operatorname{sen}^2(x)}{x}\,dx = -\frac{\operatorname{sen}(2t)}{4t} + \frac{\operatorname{sen}(2)}{4} + \int_1^t \left(\frac{1}{2x} - \frac{\operatorname{sen}(2x)}{4x^2}\right) dx.$$

Usando que a integral imprópria $\displaystyle\int_1^{\infty} \frac{\operatorname{sen}(2x)}{4x^2}\,dx$ é (absolutamente) convergente, $\displaystyle\int_1^{\infty} \frac{1}{2x}\,dx = \infty$ e $\displaystyle\lim_{t\to\infty} \frac{\operatorname{sen}(2t)}{4t} = 0$, obtemos que

$$\lim_{t\to\infty} \int_1^t \frac{\operatorname{sen}^2(x)}{x}\,dx = \infty.$$

Logo, pelo Critério da Comparação, $\displaystyle\int_1^{\infty} \left|\frac{\operatorname{sen}(x)}{x}\right| dx$ é divergente.

Exemplo 1.41 Considere a integral imprópria $\displaystyle\int_1^{\infty} \frac{e^{-x}\operatorname{sen}^3(x)}{x^2}\,dx$.
Temos que, para $x \geq 1$,

$$0 \leq \left|\frac{e^{-x}\operatorname{sen}^3(x)}{x^2}\right| \leq \frac{1}{x^2}.$$

Como $\displaystyle\int_1^{\infty} \frac{1}{x^2}\,dx = 1$ (ou seja, convergente) então $\displaystyle\int_1^{\infty} \left|\frac{e^{-x}\operatorname{sen}^3(x)}{x^2}\right| dx$ é convergente. Portanto, $\displaystyle\int_1^{\infty} \frac{e^{-x}\operatorname{sen}^3(x)}{x^2}\,dx$ é absolutamente convergente.

Teorema 1.42 (Teste de Dirichlet) *Seja* $h(x) = f(x)g(x)$ *e suponha que*
(i) a função f *é contínua e* $\displaystyle F(x) = \int_a^x f(t)\,dt$ *é limitada em* $[a, b)$ *(com* $b < \infty$ *ou* $b = \infty$*);*
(ii) a função $g : [a, b) \to \mathbb{R}$ *derivável com* g' *absolutamente integrável (ou seja,* $\displaystyle\int_a^b |g'(x)|\,dx < \infty$*) e* $\displaystyle\lim_{x\to b^-} g(x) = 0$ *(ou* $\displaystyle\lim_{x\to\infty} g(x) = 0$ *se* $b = \infty$*).*
Então, a integral imprópria $\displaystyle\int_a^b f(x)\,g(x)\,dx$ *é convergente.*

Demonstração Como a função $h(x) = f(x)\,g(x)$ é contínua em $[a,b)$, então também é localmente integrável em $[a,b)$. Para $a \leq t < b$, usando integração por partes, obtemos

$$\int_a^t f(x)\,g(x)\,dx = \int_a^t F'(x)\,g(x)\,dx = F(t)\,g(t) - \int_a^t F(x)\,g'(x)\,dx.$$

Usando que F é limitada e que g' é absolutamente integrável, pelo Critério da Comparação, temos que

$$\int_a^b |F(x)\,g'(x)|\,dx = \lim_{t\to b^-} \int_a^t |F(x)\,g'(x)|\,dx < \infty.$$

Além disso, como $\lim\limits_{t\to b^-} F(t)\,g(t) = 0$, obtemos

$$\int_a^b f(x)\,g(x)\,dx = \lim_{t\to b^-} \int_a^t f(x)\,g(x)\,dx = -\int_a^b F(x)\,g'(x)\,dx < \infty.$$

Exemplo 1.43 Considere a integral imprópria $\displaystyle\int_1^\infty \frac{\operatorname{sen}(x)}{x^p}\,dx$, com $0 < p \leq 1$. Usando o Teste de Dirichlet com $f(x) = \operatorname{sen}(x)$ e $g(x) = \dfrac{1}{x^p}$, temos que $\displaystyle\int_1^\infty \frac{\operatorname{sen}(x)}{x^p}\,dx$ é convergente.

Exemplo 1.44 Considere a integral imprópria $\displaystyle\int_0^\infty \operatorname{sen}(x^2)\,dx$ (chamada de integral de Fresnel). Observe que $\displaystyle\int_0^1 \operatorname{sen}(x^2)\,dx$ é finita (pois a função $f(x) = \operatorname{sen}(x^2)$ é contínua). Para $c > 1$, aplicando o Teorema de Mudança de Variável (com $t = x^2$), obtemos

$$\int_1^c \operatorname{sen}(x^2)\,dx = \frac{1}{2}\int_1^{c^2} \frac{\operatorname{sen}(t)}{\sqrt{t}}\,dt.$$

Pelo Exemplo 1.43 (com $p = 1/2$) temos que $\displaystyle\int_1^\infty \frac{\operatorname{sen}(t)}{\sqrt{t}}\,dt$ é convergente. Com isso, $\displaystyle\int_1^\infty \operatorname{sen}(x^2)\,dx = \int_1^\infty \frac{\operatorname{sen}(t)}{\sqrt{t}}\,dt$ é convergente. Portanto,

$$\int_0^\infty \operatorname{sen}(x^2)\,dx = \int_0^1 \operatorname{sen}(x^2)\,dx + \int_1^\infty \operatorname{sen}(x^2)\,dx < \infty,$$

ou seja, convergente.

Exemplo 1.45 O teste de Dirichlet também pode ser usado para verificar que certas integrais impróprias são divergentes. Por exemplo, a integral imprópria $\int_1^\infty x^p \operatorname{sen}(x)\, dx$ é divergente se $p > 0$. De fato, suponha que essa integral imprópria seja convergente para algum $p > 0$. Então a função definida por $F(x) = \int_1^x t^p \operatorname{sen}(t) dt$ seria limitada no intervalo $[1, \infty)$, e usando $f(x) = x^p \operatorname{sen}(x)$ e $g(x) = 1/x^p$ no Teorema 1.42 concluiríamos que $\int_1^\infty \operatorname{sen}(x) dx$ também é convergente. Mas $\int_1^\infty \operatorname{sen}(x)\, dx$ é divergente. Portanto, $\int_1^\infty x^p \operatorname{sen}(x)\, dx$ é divergente se $p > 0$.

1.4 Mais Alguns Exemplos

Exemplo 1.46 Considere a integral imprópria $\int_0^\infty \mathrm{e}^{-x} \operatorname{sen}(x)\, dx$.
Usando integração por partes, obtemos

$$\int \mathrm{e}^{-x} \operatorname{sen}(x)\, dx = -\frac{1}{2} \mathrm{e}^{-x} (\operatorname{sen}(x) + \cos(x)).$$

Logo,

$$\begin{aligned}
\int_0^\infty \mathrm{e}^{-x} \operatorname{sen}(x)\, dx &= \lim_{t\to\infty} \int_0^t \mathrm{e}^{-x} \operatorname{sen}(x)\, dx \\
&= \lim_{t\to\infty} \left(-\frac{1}{2} \mathrm{e}^{-x} (\operatorname{sen}(x) + \cos(x)) \Big|_0^t \right) \\
&= \lim_{t\to\infty} \left(-\frac{1}{2} \mathrm{e}^{-t} (\operatorname{sen}(t) + \cos(t)) + \frac{1}{2} \right) \\
&= \frac{1}{2},
\end{aligned}$$

pois $\lim_{t\to\infty} \mathrm{e}^{-t} = 0$ e $|\operatorname{sen}(t) + \cos(t)| \le 2$.

Portanto, a integral imprópria $\int_0^\infty \mathrm{e}^{-x} \operatorname{sen}(x)\, dx$ é convergente.

Exemplo 1.47 Vamos determinar para quais valores de $p \in \mathbb{R}$ a integral imprópria

$$\int_{2\pi}^{\infty} \left(p\, x^{p-1} \cos\left(\frac{1}{x}\right) + x^{p-2} \operatorname{sen}\left(\frac{1}{x}\right) \right) dx$$

é convergente.

Temos que,

$$\begin{aligned}
&\int_{2\pi}^{\infty} \left(p\, x^{p-1} \cos\left(\frac{1}{x}\right) + x^{p-2} \operatorname{sen}\left(\frac{1}{x}\right) \right) dx \\
&= \lim_{t\to\infty} \int_{2\pi}^{t} \frac{d}{dx} \left(x^{p} \cos\left(\frac{1}{x}\right) \right) dx \\
&= \lim_{t\to\infty} \left(x^{p} \cos\left(\frac{1}{x}\right) \Big|_{2\pi}^{t} \right) \\
&= \lim_{t\to\infty} \left(t^{p} \cos\left(\frac{1}{t}\right) - (2\pi)^{p} \cos\left(\frac{1}{2\pi}\right) \right).
\end{aligned}$$

Como o limite $\lim\limits_{t\to\infty} t^{p}\cos(1/t)$ existe e é finito se $p \leq 0$, obtemos que a integral imprópria $\displaystyle\int_{2\pi}^{\infty} \left(p\, x^{p-1} \cos\left(\frac{1}{x}\right) + x^{p-2} \operatorname{sen}\left(\frac{1}{x}\right) \right) dx$ é convergente se $p \leq 0$ (e divergente se $p > 0$).

Exemplo 1.48 Vamos determinar se a integral imprópria

$$\int_{-\infty}^{\infty} \frac{(x^2+3)^{3/2}}{(x^4+1)^{3/2}} \operatorname{sen}^2(x)\, dx$$

é convergente ou divergente.

Vamos estudar as duas integrais impróprias

$$\int_{0}^{\infty} \frac{(x^2+3)^{3/2}}{(x^4+1)^{3/2}} \operatorname{sen}^2(x)\, dx \quad \text{e} \quad \int_{-\infty}^{0} \frac{(x^2+3)^{3/2}}{(x^4+1)^{3/2}} \operatorname{sen}^2(x)\, dx.$$

Se essas duas integrais impróprias forem convergentes, então podemos escrever

$$\begin{aligned}
\int_{-\infty}^{\infty} \frac{(x^2+3)^{3/2}}{(x^4+1)^{3/2}} \operatorname{sen}^2(x)\, dx &= \int_{-\infty}^{0} \frac{(x^2+3)^{3/2}}{(x^4+1)^{3/2}} \operatorname{sen}^2(x)\, dx \\
&\quad + \int_{0}^{\infty} \frac{(x^2+3)^{3/2}}{(x^4+1)^{3/2}} \operatorname{sen}^2(x)\, dx.
\end{aligned}$$

(a) Temos que a intergral $\int_0^{\sqrt{3}} \frac{(x^2+3)^{3/2}}{(x^4+1)^{3/2}} \operatorname{sen}^2(x)\, dx$ existe (é finita) pois a função $f(x) = \frac{(x^2+3)^{3/2}}{(x^4+1)^{3/2}} \operatorname{sen}^2(x)$ é contínua em $[0, \sqrt{3}]$. Para $x \geq \sqrt{3}$, temos que $x^2+3 \leq x^2+x^2 = 2x^2$ e $x^4+1 \geq x^4$. Logo,

$$0 \leq \frac{(x^2+3)^{3/2}}{(x^4+1)^{3/2}} \operatorname{sen}^2(x) \leq \frac{(2x^2)^{3/2}}{(x^4)^{3/2}} = \frac{2\sqrt{2}}{x^3}.$$

Como a integral imprópria $\int_{\sqrt{3}}^{\infty} \frac{1}{x^3}\, dx$ é convergente, estão aplicando o Critério da Comparação, temos que $\int_{\sqrt{3}}^{\infty} \frac{(x^2+3)^{3/2}}{(x^4+1)^{3/2}} \operatorname{sen}^2(x)\, dx$ é convergente. Portanto, podemos escrever

$$\int_0^{\infty} \frac{(x^2+3)^{3/2}}{(x^4+1)^{3/2}} \operatorname{sen}^2(x)\, dx = \int_0^{\sqrt{3}} \frac{(x^2+3)^{3/2}}{(x^4+1)^{3/2}} \operatorname{sen}^2(x)\, dx + \int_{\sqrt{3}}^{\infty} \frac{(x^2+3)^{3/2}}{(x^4+1)^{3/2}} \operatorname{sen}^2(x)\, dx < \infty,$$

ou seja, é convergente

(b) Como $f(x) = \frac{(x^2+3)^{3/2}}{(x^4+1)^{3/2}} \operatorname{sen}^2(x)$ é uma função par $(f(-x) = f(x))$, então

$$\int_{-\infty}^{0} \frac{(x^2+3)^{3/2}}{(x^4+1)^{3/2}} \operatorname{sen}^2(x)\, dx = \int_0^{\infty} \frac{(x^2+3)^{3/2}}{(x^4+1)^{3/2}} \operatorname{sen}^2(x)\, dx.$$

Portanto, a integral imprópria

$$\int_{-\infty}^{\infty} \frac{(x^2+3)^{3/2}}{(x^4+1)^{3/2}} \operatorname{sen}^2(x)\, dx = \int_{-\infty}^{0} \frac{(x^2+3)^{3/2}}{(x^4+1)^{3/2}} \operatorname{sen}^2(x)\, dx + \int_0^{\infty} \frac{(x^2+3)^{3/2}}{(x^4+1)^{3/2}} \operatorname{sen}^2(x)\, dx$$

é convergente.

Exemplo 1.49 Vamos determinar condições sobre $p, q \in \mathbb{R}$ para que a integral imprópria $\int_0^\infty \frac{x^p}{(1+x^2)^q}\,dx$ seja convergente. Para isso, vamos analisar separadamente as integrais impróprias $\int_0^1 \frac{x^p}{(1+x^2)^q}\,dx$ e $\int_1^\infty \frac{x^p}{(1+x^2)^q}\,dx$.

(a) Se $0 < x \leq 1$, então aplicando o Teste Limite da Comparação com $f(x) = \frac{x^p}{(1+x^2)^q}$ e $g(x) = x^p$, obtemos

$$\lim_{x\to 0^+} \frac{f(x)}{g(x)} = \lim_{x\to 0^+} \frac{1}{(1+x^2)^q} = 1.$$

Como $\int_0^1 g(x)\,dx = \int_0^1 x^p\,dx$ é convergente se $p > -1$, então a integral imprópria

$$\int_0^1 f(x)\,dx = \int_0^1 \frac{x^p}{(1+x^2)^q}\,dx$$

é convergente se $p > -1$ (para qualquer valor de q).

(b) Para $x \geq 1$, temos que $(1+x^2)^q \geq x^{2q}$. Logo,

$$0 < \frac{x^p}{(1+x^2)^q} \leq \frac{x^p}{x^{2q}} = x^{p-2q}.$$

Como a integral imprópria $\int_1^\infty x^{p-2q}\,dx$ é convergente se $p - 2q + 1 < 0$ (ou seja, $p < 2q - 1$), então, pelo Critério da Comparação, a integral imprópria $\int_1^\infty \frac{x^p}{(1+x^2)^q}\,dx$ é convergente se $p < 2q - 1$.

Portanto, por (a) e (b), temos que a integral imprópria $\int_0^\infty \frac{x^p}{(1+x^2)^q}\,dx$ é convergente se $-1 < p < 2q - 1$ e neste caso

$$\int_0^\infty \frac{x^p}{(1+x^2)^q}\,dx = \int_0^1 \frac{x^p}{(1+x^2)^q}\,dx + \int_1^\infty \frac{x^p}{(1+x^2)^q}\,dx.$$

Por exemplo, $\int_0^\infty \frac{x^3}{(1+x^2)^4}\,dx$ (com $p = 3$ e $q = 4$) e $\int_0^\infty \frac{\sqrt{x}}{(1+x^2)^{3/2}}\,dx$ (com p=1/2 e q=3/2) são integrais impróprias convergentes.

Exemplo 1.50 Considere a integral imprópria $\displaystyle\int_2^{\infty} \frac{\text{sen}(x)}{x(\ln(x))^p}\,dx$. Para $x \geq 2$ temos que $\ln(x) > 0$. Logo,

$$\left|\frac{\text{sen}(x)}{x(\ln(x))^p}\right| = \frac{|\text{sen}(x)|}{|x(\ln(x))^p|} \leq \frac{1}{x(\ln(x))^p}.$$

Para $p > 1$, temos

$$\begin{aligned}
\int_2^{\infty} \frac{1}{x(\ln(x))^p}\,dx &= \lim_{t\to\infty} \int_2^{t} \frac{1}{x(\ln(x))^p}\,dx \\
&= \lim_{t\to\infty} \frac{1}{1-p}\,(\ln(x))^{1-p}\Big|_2^t \\
&= \lim_{t\to\infty} \left[\frac{1}{1-p}\,(\ln(t))^{1-p} - \frac{1}{1-p}\,(\ln(2))^{1-p}\right] \\
&= -\frac{1}{1-p}\,(\ln(2))^{1-p},
\end{aligned}$$

pois se $p > 1$ (ou seja, $1 - p < 0$) temos $\displaystyle\lim_{t\to\infty} \frac{1}{1-p}\,(\ln(t))^{1-p} = 0$. Portanto, a integral imprópria

$$\int_2^{\infty} \frac{\text{sen}(x)}{x(\ln(x))^p}\,dx$$

é (absolutamente) convergente se $p > 1$.

Exemplo 1.51 Considere a integral imprópria $\displaystyle\int_0^{\infty} \frac{\cos(x)}{(1+x^2)^3}\,dx$. Usando o Teste de Dirichlet (Teorema 1.42) com

$$h(x) = \frac{\cos(x)}{(1+x^2)^3} = \frac{1}{(1+x^2)^3}\cos(x) = f(x)\,g(x),$$

sendo $g(x) = \dfrac{1}{(1+x^2)^3}$ e $f(x) = \cos(x)$. Temos,

(i) a função $f(x) = \cos(x)$ é contínua em $[0, \infty)$ e também temos que a função $F(x) = \displaystyle\int_0^t f(x)\,dx = \int_0^t \cos(x)\,dx = \text{sen}(t)$ é limitada em $[0, \infty)$;

(ii) a função $g'(x) = -\dfrac{6x}{(1+x^2)^4}$ é absolutamente integrável (ou seja, $\displaystyle\int_0^\infty |g'(x)|\,dx < \infty$) e $\displaystyle\lim_{x\to\infty} g(x) = 0$.

Portanto, pelo Teste de Dirichlet, a integral imprópria $\displaystyle\int_0^\infty \frac{\cos(x)}{(1+x^2)^3}\,dx$ é convergente.

Exemplo 1.52 Considere a integral imprópria $\displaystyle\int_0^\infty \frac{x^4\cos^2\left(\frac{1}{x}\right)}{(1+x^2)^3}\,dx$.

Temos que

$$f(x) = \frac{x^4\cos^2\left(\frac{1}{x}\right)}{(1+x^2)^3} \geq 0 \quad \text{e} \quad g(x) = \frac{1}{(1+x^2)} > 0.$$

Vamos verificar as condições do Teste do Limite da Comparação.

(a) Temos que,

$$\begin{aligned}
\lim_{x\to\infty}\frac{f(x)}{g(x)} &= \lim_{x\to\infty}\frac{(1+x^2)x^4\cos^2\left(\frac{1}{x}\right)}{(1+x^2)^3}\\
&= \lim_{x\to\infty}\frac{x^6\left(1+\frac{1}{x^2}\right)\cos^2\left(\frac{1}{x}\right)}{x^6\left(1+\frac{1}{x^2}\right)^3}\\
&= \lim_{x\to\infty}\frac{\left(1+\frac{1}{x^2}\right)\cos^2\left(\frac{1}{x}\right)}{\left(1+\frac{1}{x^2}\right)^3} = 1.
\end{aligned}$$

(b) Além disso, temos

$$\begin{aligned}
\int_0^\infty g(x)\,dx &= \lim_{t\to\infty}\int_0^t \frac{1}{1+x^2}\,dx\\
&= \lim_{t\to\infty} \operatorname{arc\,tg}(x)\Big|_0^t\\
&= \lim_{t\to\infty} \operatorname{arc\,tg}(t) = \frac{\pi}{2}.
\end{aligned}$$

Portanto, pelo Teste Limite da Comparação (Teorema 1.33) a integral imprópria $\displaystyle\int_0^{\infty} \frac{x^4\cos^2\left(\frac{1}{x}\right)}{(1+x^2)^3}\,dx$ é convergente.

EXERCÍCIOS

(1) Determine se cada integral imprópria é convergente ou divergente.

$$(a)\ \int_0^1 \frac{\ln(x)}{\sqrt{x}}\,dx; \quad (b)\ \int_1^{\infty} \frac{x+2}{x^2+1}\,dx;$$
$$(c)\ \int_1^{\infty} \frac{\operatorname{sen}(1/x)}{x}\,dx; \quad (d)\ \int_0^1 \frac{\ln(x)}{1-x^2}\,dx.$$

(2) Determine os valores de $p \in \mathbb{R}$ para que a integral imprópria seja convergente.

$$(a)\ \int_0^{\pi/2} \frac{\operatorname{sen}(x)}{x^p}\,dx; \quad (b)\ \int_0^{\pi/2} \frac{\cos(x)}{x^p}\,dx$$
$$(c)\ \int_0^{\infty} x^p \mathrm{e}^{-x}\,dx; \quad (d)\ \int_0^{\pi/2} \frac{\operatorname{sen}(x)}{(\operatorname{tg}(x))^p}\,dx.$$

(3) Determine os valores de p e $q \in \mathbb{R}$ que tornam convergentes as seguintes integrais impróprias.

$$(a)\ \int_0^1 x^p(1-x)^q\,dx; \quad (b)\ \int_1^{\infty} \frac{x^p}{(1+x^2)^q}\,dx;$$
$$(c)\ \int_{-1}^1 \frac{(\cos(\pi x/2))^q}{(1-x^2)^p}\,dx \quad (d)\ \int_{-1}^1 (1-x)^p(1+x)^q\,dx.$$

(4) Calcule as integrais impróprias.

$$(a) \int_0^\infty e^{-x}\, x^n\, dx \ (n \in \mathbb{N})$$

$$(b) \int_0^\infty e^{-x} \cos(x)\, dx$$

$$(c) \int_0^1 \frac{x}{\sqrt{1-x^2}}\, dx$$

$$(d) \int_0^\pi \left(\frac{\cos(x)}{x} - \frac{\operatorname{sen}(x)}{x^2} \right) dx$$

$$(e) \int_{\pi/2}^\infty \left(\frac{\operatorname{sen}(x)}{x} + \frac{\cos(x)}{x^2} \right) dx$$

(5) Determine se a integral imprópria é convergente ou divergente.

$$(a) \int_1^\infty \frac{\ln(x) + \operatorname{sen}(x)}{\sqrt{x}}\, dx$$

$$(b) \int_{-\infty}^\infty \frac{(x^2+3)^{3/2} \operatorname{sen}^2(x)}{(x^4+1)^{3/2}}\, dx$$

$$(c) \int_0^\infty \frac{1+\cos^2(x)}{\sqrt{1+x^2}}\, dx$$

$$(d) \int_0^\infty \frac{4+\cos(x)}{(1+x)\sqrt{x}}\, dx$$

$$(e) \int_1^\infty \frac{\operatorname{sen}(x)}{x^p}\, dx$$

$$(f) \int_1^\infty \frac{\operatorname{sen}(x)}{(1+x^2)^p}\, dx$$

$$(g) \int_0^\infty \frac{\operatorname{sen}^2(x) \operatorname{sen}(2x)}{x^p}\, dx$$

$$(h) \int_0^\infty x^p \cos(\ln(x))\, dx$$

RESPOSTAS

(1) (a) convergente, (b)divergente, (c) absolutamente convergente, (d) convergente.
(2) (a) $p < 2$, (b) $p < 1$, (c) $p > -1$, (d) $-1 < p < 2$
(3) (a) convergente se $p, q > -1$, (b) convergente se $-1 < p < 2q - 1$, (c) convergente se $p - q < 1$, (d) convergente se $p, q < 1$.
(4) (a) $n!$, (b) 1/2, (c) 1, (d) -1, (e) 0.
(5) (a) divergente, (b) convergente, (c) divergente, (d) convergente, (e) absolutamente integrável se $p > 1$, (f) absolutamente integrável se $p > 1/2$, (g) absolutamente integrável se $1 < p < 4$, (h) absolutamente integrável se $p < -1$.

Capítulo 2

Sequências e Séries de Funções

2.1 Sequências de Funções

Seja Ω um subconjunto de números reais ($\Omega \subseteq \mathbb{R}$). Uma sequência de funções $f_1, f_2, ..., f_n, ...$ definidas em Ω a valores reais ($f_k : \Omega \to \mathbb{R}, k \in \mathbb{N}$) é uma correspondência que associa a cada número natural $n \in \mathbb{N}$ uma função f_n definida em Ω. (Notação: $\{f_n\}$).

Exemplo 2.1 Seja $\Omega = (-\infty, 1]$ e $f_n : \Omega \to \mathbb{R}$ definida por

$$f_n(x) = \left(1 - \frac{nx}{n+1}\right)^{n/2}.$$

Definição 2.2 Uma sequência de funções $\{f_n\}$, $f_n : \Omega \to \mathbb{R}$, converge simplesmente (ou pontualmente) para uma função $f : \Omega \to \mathbb{R}$, se para cada $x \in \Omega$ a sequência de números reais $\{f_n(x)\}$ converge para o número $f(x)$, ou seja, $\lim_{n\to\infty} f_n(x) = f(x)$ (para cada $x \in \Omega$ fixado).

Exemplo 2.3 No Exemplo 2.1, temos

$$\lim_{n\to\infty} f_n(x) = \begin{cases} \infty, & \text{se } x < 0, \\ 1, & \text{se } x = 0, \\ 0, & \text{se } 0 < x \leq 1. \end{cases}$$

Por exemplo, para $x = 1$, temos

$$f_n(1) = \left(1 - \frac{n}{n+1}\right)^{n/2} = e^{(n/2)\ln(1/(n+1))}.$$

Aplicando a regra de L'Hôspital (com $t \in \mathbb{R}$), obtemos

$$\lim_{t\to\infty} \frac{t}{2}\ln(1/(t+1)) = -\infty,$$

e portanto,

$$\lim_{n\to\infty} f_n(1) = \lim_{n\to\infty} e^{(n/2)\ln(1/(n+1))} = 0.$$

Podemos concluir, que para $\Omega = [0, 1]$ a sequência de funções $f_n(x) = \left(1 - \frac{nx}{n+1}\right)^{n/2}$ converge simplesmente para a função

$$f(x) = \begin{cases} 1, & \text{se } x = 0, \\ 0, & \text{se } 0 < x \leq 1. \end{cases}$$

Exemplo 2.4 Considere a sequência de funções $\{f_n\}$, definidas por $f_n(x) = x^n e^{-nx}$, com $x \in [0, \infty)$. Observe que $f'(x) = nx^{n-1}e^{-nx}(1-x)$. Logo, o valor máximo de f_n (em $[0, \infty)$) ocorre em $x = 1$ e $f_n(1) = e^{-n}$. Portanto,

$$|f_n(x)| = |x^n e^{-nx}| \leq e^{-n}, \text{ para todo } x \in [0, \infty).$$

Como $\lim_{n\to\infty} e^{-n} = 0$, concluimos que $\lim_{n\to\infty} f_n(x) = 0$ para todo $x \in [0, \infty)$. Portanto, a sequência de funções $\{f_n\}$, $f_n(x) = x^n e^{-nx}$, converge simplesmente para a função $f(x) = 0$ para todo $x \in [0, \infty)$.

Observação 2.5 Formalmente, dizemos que a sequência de funções $f_n : \Omega \to \mathbb{R}$ converge simplesmente (ou pontualmente) para a função $f : \Omega \to \mathbb{R}$ se dado qualquer $\varepsilon > 0$ podemos obter, para cada $x \in \Omega$ (fixado), um número $n_0 \in \mathbb{N}$ ($n_0 = n_0(\varepsilon, x)$, ou seja, n_0 depende de ε e x) tal que se $n > n_0$ então $|f_n(x) - f(x)| < \varepsilon$.

Mantendo $\varepsilon > 0$ fixado, pode ocorrer que não existe $n_0 \in \mathbb{N}$ que sirva simultameamente para todo $x \in \Omega$. Veja o próximo exemplo.

Exemplo 2.6 Seja $f_n : [0,1] \to \mathbb{R}$, $f_n(x) = x^n$. Temos que $\{f_n\}$ converge simplesmente para a função $f : [0,1] \to \mathbb{R}$,

$$f(x) = \begin{cases} 1, & \text{se } x = 1, \\ 0, & \text{se } 0 \leq x < 1. \end{cases}$$

Para $\varepsilon = 1/2$ fixado, temos que para todo $n_0 \in \mathbb{N}$ fixado, existem pontos $x \in [0,1)$ tais que

$$|f_{n_0}(x) - f(x)| = |x^{n_0} - 0| > 1/2,$$

ou seja, $x^{n_0} > 1/2$. De fato, como $\lim\limits_{x \to 1^-} x^{n_0} = 1$, temos que existe $\delta > 0$ tal que se $1 - \delta < x < 1$ implica $x^{n_0} > 1/2$.

Definição 2.7 Seja $f : \Omega \to \mathbb{R}$ uma função. Definimos

$$\|f\|_\Omega = \sup_{x \in \Omega} |f(x)|,$$

chamada a norma de f no conjunto Ω. Observe que, se $f, g : \Omega \to \mathbb{R}$ são duas funções então

$$\begin{aligned} &\|f + g\|_\Omega \leq \|f\|_\Omega + \|g\|_\Omega \\ &\|f\, g\|_\Omega \leq \|f\|_\Omega \|g\|_\Omega. \end{aligned}$$

Definição 2.8 Uma sequência de funções $\{f_n\}$, $f_n : \Omega \to \mathbb{R}$, converge uniformemente para uma função $f : \Omega \to \mathbb{R}$ se

$$\lim_{n \to \infty} \|f_n - f\|_\Omega = 0,$$

ou seja, para todo $\varepsilon > 0$ dado existe um número $n_0 \in \mathbb{N}$ (com $n_0 = n_0(\varepsilon)$, ou seja, n_0 só depende de ε) tal que se $n > n_0$ então

$$\|f_n - f\|_\Omega < \varepsilon. \tag{2.1}$$

Observe que para todo $x \in \Omega$ temos

$$|f_n(x) - f(x)| \leq \|f_n - f\|_\Omega. \tag{2.2}$$

Usando (2.1) e (2.2), podemos escrever

$$f(x) - \varepsilon < f_n(x) < f(x) + \varepsilon,$$

para todo $x \in \Omega$ e $n > n_0$. Logo, a condição $|f_n(x) - f(x)| < \varepsilon$ para todo $x \in \Omega$ e $n > n_0$ significa que os gráficos das funções f_n (com $n > n_0$) estão contidos na faixa de raio ε em torno do gráfico da função f.

Também de (2.2) podemos concluir que se a sequência de funções $\{f_n\}$ converge uniformemente para a função f, então a sequência $\{f_n\}$ converge simplesmente para a função f (a recíproca é falsa, como mostra o Exemplo 2.6).

Exemplo 2.9 Seja $0 < a < 1$ um número fixado. A sequência de funções $f_n : [0, a] \to \mathbb{R}$, $f_n(x) = x^n$ converge uniformemente para a função $f(x) = 0$, $x \in \Omega = [0, a]$, pois

$$\|f_n - f\|_\Omega = \sup_{x \in [0,a]} |f_n(x) - 0| = a^n,$$

e $\lim_{n\to\infty} a^n = 0$ (pois $0 < a < 1$).

Definição 2.10 Uma seqência de funções $\{f_n\}$, $f_n : \Omega \to \mathbb{R}$ é chamada sequência de Cauchy se para qualquer $\varepsilon > 0$ dado existir $n_0 \in \mathbb{N}$ tal que se $m, n > n_0$ implicar $|f_m(x) - f_n(x)| < \varepsilon$ para todo $x \in \Omega$ (ou seja, $\|f_m - f_n\|_\Omega < \varepsilon$).

Teorema 2.11(Critério da Convergência Uniforme de Cauchy) *Uma sequência de funções $f_n : \Omega \to \mathbb{R}$ converge uniformemente se, e somente se, $\{f_n\}$ é uma sequência de Cauchy.*

Demonstração ($\Rightarrow$) Suponha que a sequência $\{f_n\}$ converge uniformemente para f em Ω. Então, dado qualquer $\varepsilon > 0$ existe $n_0 \in \mathbb{N}$ tal que $\|f_n - f\|_\Omega < \dfrac{\varepsilon}{2}$ para $n > n_0$. Portanto, se $m, n > n_0$ temos

$$\begin{aligned} \|f_m - f_n\|_\Omega &= \|(f_m - f) + (f - f_n)\|_\Omega \\ &\le \|f_m - f\|_\Omega + \|f_n - f\|_\Omega \\ &< \frac{\varepsilon}{2} + \frac{\varepsilon}{2} = \varepsilon, \end{aligned}$$

ou seja, $\{f_n\}$ é uma sequência de Cauchy.

($\Leftarrow$) Suponha agora que a sequência $\{f_n\}$ é uma sequência de Cauchy. Logo, para todo $\varepsilon > 0$, existe $n_0 \in \mathbb{N}$ tal que se $m, n > n_0$ temos

$$|f_m(x) - f_n(x)| \le \|f_m - f_n\|_\Omega < \varepsilon,$$

ou seja, a sequência numérica $\{f_n(x)\}$ é uma sequência de Cauchy. Portanto, essa sequência $\{f_n(x)\}$ é convergente. Defina $f : \Omega \to \mathbb{R}$ por $f(x) = \lim_{n\to\infty} f_n(x)$ (para cada $x \in \Omega$). Vamos provar que $f_n \to f$ uniformemente.
Podemos escrever

$$\begin{aligned} |f_m(x) - f(x)| &= |f_m(x) - f_n(x) + f_n(x) - f(x)| \\ &\leq |f_m(x) - f_n(x)| + |f_n(x) - f(x)| \\ &\leq \|f_m - f_n\|_\Omega + |f_n(x) - f(x)|. \end{aligned} \tag{2.3}$$

Temos, para $m, n > n_0$, $\|f_m - f_n\|_\Omega < \varepsilon$ e como $\lim_{n\to\infty} f_n(x) = f(x)$, então $|f_n(x) - f(x)| < \varepsilon$ para $n > n_0$. Portanto, em (2.3), obtemos

$$|f_m(x) - f(x)| < 2\varepsilon$$

se $m > n_0$ e para todo $x \in \Omega$. Portanto, $\|f_m - f\|_\Omega \leq 2\varepsilon$ se $m > n_0$, ou seja, a sequência $\{f_n\}$ converge uniformemente para f em Ω. □

2.1.1 Propriedades Preservadas pela Convergência Uniforme

Teorema 2.12 *Seja $f_n : \Omega \to \mathbb{R}$ uma sequência de funções que converge uniformemente para a função $f : \to \mathbb{R}$. Se cada f_n é contínua em $x_0 \in \Omega$, então f também é contínua no ponto x_0.*

Demonstração Temos para $x_0 \in \Omega$,

$$\begin{aligned} |f(x) - f(x_0)| &= |f(x) - f_n(x) + f_n(x) - f_n(x_0) + f_n(x_0) - f(x_0)| \\ &\leq |f(x) - f_n(x)| + |f_n(x) - f_n(x_0)| + |f_n(x_0) - f(x_0)| \\ &\leq \|f - f_n\|_\Omega + |f_n(x) - f_n(x_0)| + \|f - f_n\|_\Omega \\ &= 2\|f - f_n\|_\Omega + |f_n(x) - f_n(x_0)|. \end{aligned} \tag{2.4}$$

(a) Como $\{f_n\}$ converge uniformemente para f em Ω, então dado $\varepsilon > 0$ existe $n_0 \in \mathbb{N}$ tal que se $n > n_0$ implica $\|f - f_n\|_\Omega < \varepsilon$.
(b) Como f_n é contínua em x_0, para qualquer $\varepsilon > 0$ dado, existe $\delta > 0$ tal que $|f_n(x) - f_n(x_0)| < \varepsilon$ se $x \in \Omega \cap (x_0 - \delta, x_0 + \delta)$.
Portanto, usando (2.4), (a) e (b), obtemos para $x \in \Omega \cap (x_0 - \delta, x_0 + \delta)$ que $|f(x) - f(x_0)| < 3\varepsilon$. Portanto, f é contínua no ponto $x_0 \in \Omega$. □

Corolário 2.13 *Se* $f_n : \Omega \rightarrow \mathbb{R}$ *converge uniformemente para* $f : \Omega \rightarrow \mathbb{R}$ *e cada* f_n *é contínua em* Ω*, então* f *também é contínua em* Ω*.*

Teorema 2.14 *Seja* $\{f_n\}$*,* $f_n : [a,b] \rightarrow \mathbb{R}$ *uma sequência de funções integráveis que converge uniformemente para* $f : [a,b] \rightarrow \mathbb{R}$ *que é uma função integrável. Então*

$$\int_a^b f(x)\,dx = \lim_{n\to\infty} \int_a^b f_n(x)\,dx. \tag{2.5}$$

Demonstração Temos, para $\Omega = [a,b]$,

$$\begin{aligned} \left| \int_a^b f(x)\,dx - \int_a^b f_n(x)\,dx \right| &\leq \int_a^b |f(x) - f_n(x)|\,dx \\ &\leq (b-a)\|f - f_n\|_\Omega, \end{aligned}$$

e como $\lim_{n\to\infty} \|f - f_n\|_\Omega = 0$ (pois $f_n \rightarrow f$ uniformemente), obtemos que

$$\lim_{n\to\infty} \int_a^b f_n(x)\,dx = \int_a^b f(x)\,dx.$$

□

Em particular, este último teorema implica que (2.5) é válido se cada função $f_n : [a,b] \rightarrow \mathbb{R}$ for contínua. Mas as hipóteses do Teorema 2.14 são mais fortes que o necessário. Omitiremos a demonstração do próximo teorema.

Teorema 2.15 *Suponha que a sequência de funções* $\{f_n\}$*,* $f_n : [a,b] \rightarrow \mathbb{R}$ *converge simplesmente para* $f : [a,b] \rightarrow \mathbb{R}$ *e cada* f_n *é integrável em* $[a,b]$*.*
(a) Se a convergência é uniforme, então f *é integrável em* $[a,b]$ *e (2.5) é válido.*
(b) Se a sequência $\{\|f_n\|_\Omega\}$ *(*$\Omega = [a,b]$*) é limitada e* f *é integrável em* $[a,b]$*, então (2.5) é válido.*

A parte (a) deste teorema mostra que não é necessário assumir no Teorema 2.14 que f é integrável em $[a,b]$, pois isto segue da convergência uniforme. A parte (b) é conhecida como *Teorema da Convergência Limitada* (veja a demonstração em [13]). Nenhuma das condições em (b) podem ser omitidas, como mostra o seguinte exemplo.

Exemplo 2.16 (a) Considere $f_n : [0,1] \to \mathbb{R}$ definida por

$$f_n(x) = \begin{cases} n^2x, & \text{se } 0 \leq x < 1/n, \\ n(2-nx), & \text{se } 1/n \leq x < 2/n, \\ 0, & \text{se } 2/n \leq x \leq 1. \end{cases}$$

Temos que $\lim_{n\to\infty} f_n(x) = 0 = f(x)$ se $x \in [0,1]$. Considerando $\Omega = [0,1]$, temos que $\|f_n\|_\Omega = n \to \infty$ (ou seja, $\{f_n\}$ não é limitada), enquanto $f(x) = 0$ é integrável em $[0,1]$.
(b) Para cada inteiro positivo n, defina Ω_n o conjunto dos números da forma $x = p/q$,onde p e q são inteiros e primos entre si (ou seja, sem fatores comuns) e $1 \leq q \leq n$. Defina

$$f_n(x) = \begin{cases} 1, & \text{se } x \in \Omega_n, \\ 0, & \text{se } x \notin \Omega_n. \end{cases}$$

Se x é um número irracional, então $x \notin \Omega_n$ para todo n. Logo, temos que $f_n(x) = 0$. Agora se x é racional, então $x \in \Omega_n$ e $f_n(x) = 1$ para todo n suficientemente grande. Portanto,

$$\lim_{n\to\infty} f_n(x) = f(x) = \begin{cases} 1, & \text{se } x \in \mathbb{Q}, \\ 0, & \text{se } x \notin \mathbb{Q}, \end{cases}$$

(convergência simples). Considerando $\Omega = [0,1]$, temos que $\|f_n\|_\Omega = 1$ para todo $n \in \mathbb{N}$ e f não é integrável em $[0,1]$.
Teorema 2.17 (Teorema da Convergência Monótona) *Seja* $\{f_n\}$, $f_n : [a,b] \to \mathbb{R}$ *uma sequência monótona de funções integráveis. Se* $f(x) = \lim_{n\to\infty} f_n(x)$, $x \in [a,b]$, *é integrável então*

$$\int_a^b f(x)\,dx = \lim_{n\to\infty} \int_a^b f_n(x)\,dx.$$

Demonstração Vamos supor sem perda de generalidade que a sequência $\{f_n\}$ é monótona não decrescente, ou seja, $f_1(x) \leq f_2(x) \leq .... \leq f(x)$ para todo $x \in [a,b]$. Então $|f_n(x)| \leq M$, onde $M = \|f_1\|_{[a,b]} + \|f\|_{[a,b]}$. Logo, aplicando o Teorema 2.15(b), obtemos

$$\int_a^b f(x) = \lim_{n\to\infty} \int_a^b f_n(x)\,dx.$$

□

Exemplo 2.18 Considere $f_n(x) = \dfrac{n^2}{1+n^2}\operatorname{sen}(\pi x)$, $x \in [0,1]$. Temos que a sequência $\{f_n\}$ é monótona e $\lim\limits_{n\to\infty} f_n(x) = \operatorname{sen}(\pi x) = f(x)$. Logo,

$$\begin{aligned} \int_0^1 f(x)\,dx &= \lim_{n\to\infty} \int_0^1 \frac{n^2}{1+n^2}\operatorname{sen}(\pi x)\,dx \\ &= \lim_{n\to\infty} \frac{n^2}{1+n^2}\left(-\frac{1}{\pi}\cos(\pi x)\Big|_0^1 \right) \\ &= \lim_{n\to\infty} \frac{n^2}{1+n^2}\,\frac{2}{\pi} = \frac{2}{\pi}. \end{aligned}$$

Teorema 2.19 *Seja* $\{f_n\}$, $f_n : [a,b] \to \mathbb{R}$ *uma sequência de funções deriváveis. Se*
(i) a derivada f_n' *é contínua em* $[a,b]$ *para todo* n*;*
(ii) $\{f_n'\}$ *converge uniforme em* $[a,b]$ *para uma função* g*;*
(iii) $\{f_n(x_0)\}$ *converge, para algum* $x_0 \in [a,b]$*.*
Então $\{f_n\}$ *converge uniforme em* $[a,b]$ *para uma função* $f : [a,b] \to \mathbb{R}$ *derivável e* $f' = g$*.*

Demonstração Como f_n' é contínua em $[a,b]$, podemos escrever

$$f_n(x) = f_n(x_0) + \int_{x_0}^{x} f_n'(t)\,dt, \quad a \le x \le b. \tag{2.6}$$

Sejam

$$L = \lim_{n\to\infty} f_n(x_0) \text{ e } g(x) = \lim_{n\to\infty} f_n'(x). \tag{2.7}$$

Como f_n' é contínua e $\{f_n'\}$ converge uniformemente para g em $[a,b]$, então g é contínua em $[a,b]$. Portanto, (2.6) e o Teorema 2.14 implicam que $\{f_n\}$ converge simplesmente em $[a,b]$ para

$$f(x) = L + \int_{x_0}^{x} g(t)\,dt. \tag{2.8}$$

Portanto, $f'(x) = g(x)$. Temos,

$$\begin{aligned} |f(x) - f_n(x)| &\leq \left| L + \int_{x_0}^{x} g(t)\,dt - f_n(x_0) - \int_{x_0}^{x} f_n'(t)\,dt \right| \\ &\leq |L - f_n(x_0)| + \int_{x_0}^{x} |g(t) - f_n'(t)|\,dt \\ &\leq |L - f_n(x_0)| + |x - x_0| \|g - f_n'\|_\Omega \\ &\leq |L - f_n(x_0)| + (b-a)\|g - f_n'\|_\Omega, \end{aligned}$$

onde $\Omega = [a, b]$. Logo,

$$\|f - f_n\|_\Omega \leq |L - f_n(x_0)| + (b-a)\|g - f_n'\|_\Omega \to 0$$

quando $n \to \infty$, ou seja, a sequência $\{f_n\}$ converge uniformemente para a função f. □

2.2 Teoremas de Aproximação

Em muitas aplicações, é conveniente aproximar funções contínuas por funções mais elementares.

Definição 2.21 Seja $f : [0,1] \to \mathbb{R}$ uma função e $n \in \mathbb{N}$. O n-ésimo polinômio de Bernstein [1] de f é definido por

$$B_n(x, f) = \sum_{k=0}^{n} f\left(\frac{k}{n}\right) \binom{n}{k} x^k (1-x)^{n-k}, \tag{2.9}$$

onde $\binom{n}{k} = \dfrac{n!}{k!(n-k)!}$ denota o coeficiente binomial.

Teorema 2.22 (Teorema de Aproximação de Bernstein) *Considere $f : [0,1] \to \mathbb{R}$ uma função contínua. Então a sequência de polinômios de Bernstein $\{B_n\}$ de f (definida por (2.9)) converge uniformemente em $[0,1]$ para f.*

Demonstração Usando o Teorema Binomial

$$(s+t)^n = \sum_{k=0}^{n} \binom{n}{k} s^k t^{n-k},$$

[1] Sergei Notanovich Bernstein (1880-1968)

e usando $s = x$ e $t = 1 - x$, obtemos

$$1 = \sum_{k=0}^{n} \binom{n}{k} x^k (1-x)^{n-k}. \tag{2.10}$$

Multiplicando a fórmula (2.10) por $f(x)$, obtemos

$$f(x) = \sum_{k=0}^{n} f(x) \binom{n}{k} x^k (1-x)^{n-k}.$$

Logo, $f(x) - B_n(x) = \displaystyle\sum_{k=0}^{n} \Big(f(x) - f(\frac{k}{n}) \Big) \binom{n}{k} x^k (1-x)^{n-k}$. Portanto, como $x \in [0,1]$, obtemos

$$|f(x) - B_n(x)| \leq \sum_{k=0}^{n} \left| f(x) - f(\frac{k}{n}) \right| \binom{n}{k} x^k (1-x)^{n-k}. \tag{2.11}$$

Como f é contínua em $[0,1]$ então f é limitada ($|f(x)| \leq M$ para todo $x \in [0,1]$) e f é uniformemente contínua (veja Teorema C4 do Apêndice). Multiplicando (2.10) por x e usando que

$$\binom{n-1}{k-1} = \frac{(n-1)!}{(k-1)!(n-k)!} = \frac{k}{n} \binom{n}{k},$$

obtemos $x = \displaystyle\sum_{j=0}^{n-1} \frac{j+1}{n} \binom{n}{j+1} x^{j+1} (1-x)^{n-(j+1)}$. Agora com $k = j+1$, temos

$$\begin{aligned} x &= \sum_{k=1}^{n} \frac{k}{n} \binom{n}{k} x^k (1-x)^{n-k} \\ &= \sum_{k=0}^{n} \frac{k}{n} \binom{n}{k} x^k (1-x)^{n-k}. \end{aligned} \tag{2.12}$$

De forma análoga, usando que

$$\binom{n-2}{k-2} = \frac{(n-2)!}{(k-2)!(n-k)!} = \frac{k(k-1)}{n(n-1)} \binom{n}{k},$$

obtemos $(n^2 - n)\, x^2 = \sum_{k=0}^{n} (k^2 - k) \binom{n}{k} x^k (1-x)^{n-k}$. Logo,

$$\left(1 - \frac{1}{n}\right) x^2 + \frac{1}{n}\, x = \sum_{k=0}^{n} \left(\frac{k}{n}\right)^2 \binom{n}{k} x^k (1-x)^{n-k}. \tag{2.13}$$

Multiplicando (2.10) por x^2, (2.12) por $-2x$ e adicionando-as a (2.13) obtemos

$$\frac{1}{n}\, x(1-x) = \sum_{k=0}^{n} \left(x - \frac{k}{n}\right)^2 \binom{n}{k} x^k (1-x)^{n-k}. \tag{2.14}$$

Se k é tal que k/n está próximo de x, então o termo correspondente da soma (2.11) é pequeno em virtude da continuidade de f em x; por outro lado, se k/n está distante de x, o máximo que podemos dizer quanto ao fator que envolve f é que $|f(x) - f(k/n)| \leq 2M$. Podemos decompor (2.11) em duas partes: os valores de k para os quais $x - \dfrac{k}{n}$ é pequeno, e aqueles para os quais $x - \dfrac{k}{n}$ é grande. Seja $\varepsilon > 0$ e $\delta = \delta(\varepsilon)$ como na definição de continuidade uniforme (ou seja, $|f(x) - f(y)| < \varepsilon$ se $|x - y| < \delta$, com $x, y \in [0, 1]$). Escolha n tal que

$$n \geq \text{máx}\{(\delta(\varepsilon))^{-4}, M^2/\varepsilon^2\}, \tag{2.15}$$

e decompondo (2.11) em duas somas. A soma sobre os valores de k para os quais $|x - \dfrac{k}{n}| < n^{-1/4} \leq \delta(\varepsilon)$ fornece a estimativa (usando (2.10))

$$\sum_{k} \varepsilon \binom{n}{k} x^k (1-x)^{n-k} \leq \varepsilon \sum_{k=0}^{n} \binom{n}{k} x^k (1-x)^{n-k} = \varepsilon.$$

A soma sobre os valores de k para os quais $|x - \dfrac{k}{n}| \geq n^{-1/4}$, isto é, $\left(x - \dfrac{k}{n}\right)^2 \geq n^{-1/2}$, pode ser estimada por meio da fórmula (2.14). Para esta parte da soma em (2.11), obtemos o limitante superior

$$
\begin{aligned}
&\sum_k 2M \binom{n}{k} x^k (1-x)^{n-k} \\
&= 2M \sum_k \frac{(x-\frac{k}{n})^2}{(x-\frac{k}{n})^2} \binom{n}{k} x^k (1-x)^{n-k} \\
&\leq 2M\sqrt{n} \sum_{k=1}^{n} (x-\frac{k}{n})^2 \binom{n}{k} x^k (1-x)^{n-k} \\
&\leq 2M\sqrt{n} \left(\frac{1}{n} x(1-x)\right) \leq \frac{M}{2\sqrt{n}},
\end{aligned}
$$

pois em $[0,1]$, temos $x(1-x) \leq 1/4$. Usando (2.15), concluimos que cada uma dessas partes de (2.11) é limitada superiormente por ε. Logo, para n escolhido em (2.15) temos que

$$|f(x) - B_n(x)| < 2\varepsilon,$$

independente do valor de x. Portanto, a sequência $\{B_n\}$ converge uniformemente em $[0,1]$ para f. □

Teorema 2.23 (Teorema de Aproximação de Weierstrass) *Seja $f : [a,b] \to \mathbb{R}$ uma função contínua. Então f pode ser uniformemente aproximada por polinômios.*

Demonstração Defina a função $g : [0,1] \to \mathbb{R}$, por

$$g(t) = f((b-a)t + a).$$

Como g é contínua, então g pode ser uniformemente aproximada por polinômios de Benrstein e uma mudança de variável fornece uma aproximação polinomial para f. □

2.3 Séries de Funções

Definição 2.24 Seja $\{f_n\}$ uma sequência de funções definidas em um subconjunto $\Omega \subseteq \mathbb{R}$ a valores reais $(f_n : \Omega \to \mathbb{R})$, então $\sum_{j=1}^{\infty} f_j$ é uma série infinita (ou simplesmente, uma série) de funções em Ω. As somas parciais de $\sum_{j=1}^{\infty} f_j$ são as funções definidas por

$$s_n(x) = \sum_{j=1}^{n} f_j(x).$$

Se a sequência de funções $\{s_n\}$ converge simplesmente para uma função f em um subconjunto J de Ω ($f(x) = \lim_{n\to\infty} s_n(x)$, $x \in J \subseteq \Omega$), dizemos que a série $\sum_{j=1}^{\infty} f_j$ converge simplesmente para f em J, e escrevemos $f(x) = \sum_{j=1}^{\infty} f_j(x)$, $x \in J$

Se a sequência de funções $\{s_n\}$ converge uniformemente para f em J dizemos que a série $\sum_{j=1}^{\infty} f_j$ converge uniformemente para f em J.

Se $\{s_n\}$ converge uniformemente em J, então para todo $\varepsilon > 0$ dado existe $n_0 \in \mathbb{N}$ tal que $\|s_m - s_n\|_J < \varepsilon$ se $m, n > n_0$. Se $m > n$ temos

$$\begin{aligned} s_m(x) - s_n(x) &= \sum_{j=1}^{m} f_j(x) - \sum_{j=1}^{n} f_j(x) \\ &= \sum_{j=n+1}^{m} f_j(x), \end{aligned}$$

e com isso, obtemos

$$\left| \sum_{j=n+1}^{m} f_j(x) \right| = |s_m(x) - s_n(x)| \leq \|s_m - s_n\|_J < \varepsilon.$$

Exemplo 2.25 as funções $f_k(x) = x^k$, $k \geq 0$, definem a série infinita $\sum_{k=0}^{\infty} x^k$ em $\Omega = (-\infty, \infty)$. Temos que a sequência das somas parciais $\{s_n\}$ é dada por $s_n(x) = \sum_{k=0}^{n} x^k = 1 + x + x^2 + ... + x^k$. Logo, temos $s_n(x) - x s_{n+1}(x) = 1 - x^{n+1}$. Com isso, obtemos

$$s_n(x) = \begin{cases} \dfrac{1 - x^{n+1}}{1 - x}, & \text{se } x \neq 1, \\ n + 1, & \text{se } x = 1. \end{cases}$$

Temos que $\{s_n\}$ converge simplesmente para a função $f(x) = \dfrac{1}{1-x}$, se $|x| < 1$, e é divergente se $|x| \geq 1$. Podemos escrever

$$f(x) = \frac{1}{1-x} = \sum_{k=0}^{\infty} x^k, \ -1 < x < 1.$$

Observe que $f(x) - f_n(x) = \dfrac{x^{n+1}}{1-x}$ e portanto $\|f - f_n\|_{(-1,1)} = \infty$, ou seja, a convergência não é uniforme em $(-1, 1)$. Observe também que no intervalo $(-1, r]$, com $-1 < r < 1$, temos $\|f - f_n\|_{(-1,r]} \geq \dfrac{1}{2}$ (ou seja, a convergência não é uniforme). Mas a série converge uniformemente no intervalo $[-r, r]$, com $0 < r < 1$, pois

$$\|f - f_n\|_{[-r,r]} = \frac{r^{n+1}}{1-r},$$

e $\lim_{n \to \infty} r^n = 0$. A convergência também é uniforme em qualquer subintervalo $[a, b] \subset [-r, r]$.

Teorema 2.26 (Critério da Convergência Uniforme de Cauchy) *A série de funções* $\sum_{k=0}^{\infty} f_k$ *converge uniformemente em um subconjunto* $\Omega \subseteq \mathbb{R}$ *se, e somente se, para todo* $\varepsilon > 0$ *dado existir* $n_0 \in \mathbb{N}$ *tal que*

$$\|f_n + f_{n+1} + ... f_m\|_\Omega < \varepsilon, \tag{2.16}$$

se $m \geq n > n_0$.

Demonstração Seja $s_n = \sum_{k=0}^{n} f_k$. Então

$$s_m - s_{n-1} = f_n + f_{n+1} + ... + f_m,$$

e então basta usar o Teorema 2.11 para a soma parcial s_n □

Corolário 2.27 *Se* $\sum_{k=0}^{\infty} f_k$ *converge uniformemente em* Ω, *então*

$$\lim_{k \to \infty} \|f_k\|_\Omega = 0.$$

Demonstração Como a série converge uniformemente, pelo Teorema 2.26 para todo $\varepsilon > 0$ existe $n_0 \in \mathbb{N}$ tal que se $m \geq n \geq n_0$ (em particular para $m = n + 1$), temos

$$|s_{n+1}(x) - s_n(x)| = |f_{n+1}(x)| < \varepsilon,$$

para todo x. Logo, $\|f_{n+1}\|_\Omega < \varepsilon$. Portanto, $\lim_{n \to \infty} \|f_n\|_\Omega = 0$. □

Teorema 2.28 (Teste de Weierstrass) *A série de funções* $\sum_{k=0}^{\infty} f_k$ *converge uniformemente em* $\Omega \subseteq \mathbb{R}$ *se são satisfeitas as condições*
(a) $\|f_k\|_\Omega \leq M_k$;
(b) $\sum_{k=0}^{\infty} M_k$ *é convergente.*

Demonstração Como a série numérica $\sum_{k=0}^{\infty} M_k$ é convergente, pelo Critério da Convergência de Cauchy, dado qualquer $\varepsilon > 0$ existe $n_0 \in \mathbb{N}$ tal que se $m \geq n > n_0$ então, se $a_n = \sum_{k=0}^{n} M_k$, obtemos

$$0 \leq a_m - a_n = M_{n+1} + ... + M_m < \varepsilon.$$

Agora usando a condição (a), isto implica que

$$\|f_{n+1}\|_\Omega + ... + \|f_m\|_\Omega < \varepsilon,$$

se $m \geq n > n_0$. Logo, pelo Teorema 2.26, obtemos

$$\begin{aligned} \left\| s_m - s_n \right\|_\Omega &= \left\| \sum_{j=n+1}^{m} f_j \right\|_\Omega \\ &\leq \sum_{j=n+1}^{m} \|f_j\|_\Omega \\ &< \varepsilon, \end{aligned}$$

ou seja, $\sum_{k=0}^{\infty} f_k$ converge uniformemente em Ω. □

Exemplo 2.29 Considere a sequência de funções $\{f_n\}$, $f_n(x) = \dfrac{\operatorname{sen}(nx)}{n^2}$, com $x \in \Omega = (-\infty, \infty)$. Temos,

(a) $\|f_n\|_\Omega \leq \dfrac{1}{n^2} = M_n$;

(b) $\sum_{n=1}^{\infty} M_n = \sum_{n=1}^{\infty} \dfrac{1}{n^2}$ é convergente.

Portanto, pelo Teste de Weiestrass, a série $\sum_{n=1}^{\infty} \dfrac{\operatorname{sen}(nx)}{n^2}$ converge uniformemente em $\Omega = (-\infty, \infty)$.

Exemplo 2.30 Considere a série de funções

$$\sum_{n=0}^{\infty} f_n(x) = \sum_{n=0}^{\infty} \left(\frac{x}{1+x} \right)^n, \; x > -1.$$

Seja $0 < r < 1$. Para $x \in J = [-r/(1+r), r/(1+r)]$, temos que $|x/(1+x)| \leq r < 1$. Logo, $\|f_n\|_J \leq r^n$. Como a série numérica $\sum_{n=0}^{\infty} r^n$ é convergente, então, pelo Teste de Weierstrass a série de funções

$$\sum_{n=0}^{\infty} \left(\frac{x}{1+x} \right)^n$$

converge uniformemente em $J = [-r/(1+r), r/(1+r)]$.

Observação 2.31 O Teste de Weierstrass é muito importante, mas aplicável somente para séries que possuem um tipo de convergência mais forte do que consideramos até agora. Dizemos que a série de funções $\sum_{n=0}^{\infty} f_n$ converge absolutamente em $\Omega \subseteq \mathbb{R}$ se $\sum_{n=0}^{\infty} |f_n|$ converge simplesmente em Ω, e a série de funções $\sum_{n=0}^{\infty} f_n$ converge absolutamente uniforme em Ω se $\sum_{n=0}^{\infty} |f_n|$ converge uniformemente em Ω. O Teste de Weierstrass na realidade mostra que $\sum_{n=0}^{\infty} f_n$ converge absolutamente uniforme em Ω. Se a série converge absolutamente uniforme em Ω, então ela converge uniformemente em Ω.

Teorema 2.32 (Teste de Dirichlet para Convergência Uniforme) *Considere a série de funções* $\sum_{n=1}^{\infty} f_n g_n$ *onde*

(i) $\{f_n\}$ *converge uniformemente para zero em* Ω;

(ii) $\sum_{n=1}^{\infty}(f_{n+1} - f_n)$ *converge absolutamente uniforme em* Ω;

(iii) $\|g_1 + g_2 + ... + g_n\|_{\Omega} \leq M$, *para alguma constante* M.

Então a série $\sum_{n=1}^{\infty} f_n g_n$ *converge uniformemente em* Ω.

Demonstração Defina $G_n = g_1 + g_2 + ... + g_n$ e considere a soma parcial da série $\sum_{n=1}^{\infty} f_n g_n$, ou seja,

$$H_n = f_1 g_1 + f_2 g_2 + ... + f_n g_n. \tag{2.17}$$

Substituindo $g_1 = G_1$ e $g_n = G_n - G_{n-1}$ em (5.17) obtemos

$$\begin{aligned} H_n &= f_1 g_1 + f_2 g_2 + ... + f_n g_n \\ &= f_1 G_1 + f_2(G_2 - G_1) + ... + f_n(G_n - G_{n-1}), \end{aligned}$$

que pode ser escrita na forma

$$H_n = (f_1 - f_2)G_1 + (f_2 - f_3)G_2 + ... + (f_{n-1} - f_n)G_{n-1} + f_n G_n,$$

$$\text{ou}\quad H_n = h_{n-1} + f_n G_n, \tag{2.18}$$
$$\text{onde}\quad h_{n-1} = (f_1 - f_2)G_1 + ... + (f_{n-1} - f_n)G_{n-1}. \tag{2.19}$$

Temos que a sequência $\{h_n\}$ é a sequência das somas parciais da série

$$\sum_{n=1}^{\infty}(f_j - f_{j+1})G_j. \tag{2.20}$$

Usando a condição (iii) e a definição de G_j obtemos

$$\begin{aligned}\left|\sum_{j=n}^{m}(f_j(x) - f_{j+1}(x))G_j(x)\right| &\leq \sum_{j=n}^{m}|f_j(x) - f_{j+1}(x)||G_j(x)| \\ &\leq M\sum_{j=n}^{m}|f_j(x) - f_{j+1}(x)|,\end{aligned}$$

com $x \in \Omega$. Com isso, obtemos

$$\left\|\sum_{j=n}^{m}(f_j - f_{j+1})G_j\right\|_{\Omega} \leq M\left\|\sum_{j=n}^{m}|f_j - f_{j+1}|\right\|_{\Omega}.$$

Como a série $\sum_{n=1}^{\infty}(f_j - f_{j+1})$ converge absolutamente uniforme em Ω, dado $\varepsilon > 0$ existe $n_0 \in \mathbb{N}$ tal que se $m \geq n > n_0$ temos

$$\left\|\sum_{j=n}^{m}|f_j - f_{j+1}|\right\|_{\Omega} < \varepsilon.$$

Portanto, pelo Teorema 2.26, temos que $\sum_{j=1}^{\infty}(f_j - f_{j+1})G_j$ converge uniformemente em Ω. Logo, a sequência $\{h_n\}$ definida em (2.19) converge uniformemente para uma função h em Ω. Com isso, usando (2.18) obtemos $H_n - h = h_{n-1} - h + f_n G_n$. Portanto,

$$\begin{aligned}\|H_n - h\|_{\Omega} &\leq \|h_{n-1} - h\|_{\Omega} + \|f_n\|_{\Omega}\|G_n\|_{\Omega} \\ &\leq \|h_{n-1} - h\|_{\Omega} + M\,\|f_n\|_{\Omega}.\end{aligned}$$

Como $\{h_{n-1} - h\}$ e $\{f_n\}$ convergem uniformemente para zero em Ω, então $\lim\limits_{n\to\infty} \|H_n - h\|_\Omega = 0$. Portanto, a série $\{H_n\}$ converge uniformemente em Ω, ou seja, a série $\sum\limits_{n=1}^{\infty} f_n g_n$ converge uniformemente em Ω.

□

Corolário 2.33 *A série* $\sum\limits_{n=1}^{\infty} f_n g_n$ *converge uniformemente em* Ω *se são satisfeitas as condições*
(a) $f_{n+1}(x) \leq f_n(x)$, $x \in \Omega$;
(b) $\{f_n\}$ *converge uniformemente para zero em* Ω;
(c) $\|g_1 + ... + g_n\|_\Omega \leq M$, *para alguma constante* M.

Exemplo 2.34 Considere a série de funções $\sum\limits_{n=1}^{\infty} \frac{\text{sen}(nx)}{n}$, com $f_n(x) = 1/n$, $g_n(x) = \text{sen}(nx)$ e $G_n(x) = \text{sen}(x)+\text{sen}(2x)+...+\text{sen}(nx)$. Temos que,

$$|G_n(x)| \leq \frac{1}{|\text{sen}(x/2)|}, \quad n \neq 2k\pi \ (k \in \mathbb{Z}) \text{ e } n \geq 1.$$

Portanto, $\{\|G_n\|_\Omega\}$ é limitada e a série converge uniformemente em um subconjunto Ω tal que

$$|\text{sen}(x/2)| \geq M > 0.$$

Por exemplo, se $0 < \delta < \pi$ então $|\text{sen}(x/2)| \geq \text{sen}(\delta/2)$. Portanto, a série converge uniformemente em $\Omega = \bigcup\limits_{k=-\infty}^{\infty} [2k\pi + \delta, 2(k+1)\pi - \delta]$.

Exemplo 2.35 Considere a série $\sum\limits_{n=1}^{\infty} \frac{(-1)^n}{n + x^2}$. Usando o Corolário 2.33 em $\Omega = (-\infty, \infty)$, com $f_n(x) = \frac{1}{n + x^2}$, $g_n(x) = (-1)^n$, $G_{2m}(x) = 0$ e $G_{2m+1}(x) = -1$, obtemos que $\sum\limits_{n=1}^{\infty} \frac{(-1)^n}{n + x^2}$ converge uniformemente em $(-\infty, \infty)$.

2.3.1 Propriedades das Séries de Funções

Podemos obter resultados de continuidade, diferenciabilidade e integrabilidade de séries de funções aplicando os teoremas 2.12, 2.14 e 2.19 para suas somas parciais.

O Teorema 2.12 implica o seguinte teorema

Teorema 2.36 *Se a série de funções* $\sum_{j=1}^{\infty} f_j$ *converge uniformemente para a função* f *em* $\Omega\subseteq\mathbb{R}$ *e cada função* $f_n : \Omega\to\mathbb{R}$ *é contínua no ponto* $x_o\in\Omega$, *então* f *também é contínua no ponto* x_0.

Exemplo 2.37 Pelo Exemplo 2.30, temos que

$$f(x) = \sum_{n=0}^{\infty}\left(\frac{x}{1+x}\right)^n$$

converge uniformemente em cada subconjunto compacto $[a,b]\subset(-1/2,\infty)$. Como cada termo da série, $f_n(x) = \left(\dfrac{x}{1+x}\right)^n$, é uma função contínua em $[a,b]\subset(-1/2,\infty)$, temos que a função f é contínua em $[a,b]$.

O próximo teorema fornece condições que permitem comutar a soma e a integração de séries infinitas (integração termo a termo), e a demonstração segue do Teorema 2.14.

Teorema 2.38 *Suponha que a série de funções* $\sum_{n=1}^{\infty} f_n$ *converge uniformemente para* f *em* $\Omega = [a,b]$. *Se* f_n *e* f *são integráveis em* $[a,b]$, *então*

$$\int_a^b f(x)\,dx = \sum_{n=1}^{\infty}\int_a^b f_n(x)\,dx.$$

Neste caso, dizemos que a série $\sum_{n=1}^{\infty} f_n$ pode ser integrável termo a termo em $[a,b]$, ou seja, $\displaystyle\int_a^b \sum_{n=1}^{\infty} f_n(x)\,dx = \sum_{n=1}^{\infty}\int_a^b f_n(x)\,dx.$

Exemplo 2.39 Temos que

$$\frac{1}{1-x} = \sum_{n=0}^{\infty} x^n, \quad \text{se} \quad x \in (-1,1).$$

Além disso, a série converge uniformemente em qualquer intervalo fechado $[a,b] \subset (-1,1)$. Portanto,

$$\int_a^b \frac{1}{1-x}\, dx = \sum_{n=0}^{\infty} \int_a^b x^n\, dx.$$

Logo, $\ln(1-a) - \ln(1-b) = \sum_{n=0}^{\infty} \frac{b^{n+1} - a^{n+1}}{n+1}$. Considerando $a = 0$ e $b = x$, obtemos

$$\ln(1-x) = -\sum_{n=0}^{\infty} \frac{x^{n+1}}{n+1}, \quad \text{para} \quad x \in (-1,1).$$

O próximo teorema fornece condições que permitem derivar uma série de funções termo a termo, e a sua demonstração segue do Teorema 2.19.

Teorema 2.40 *Suponha que cada função $f_n : [a,b] \to \mathbb{R}$ é continuamente derivável em $[a,b]$ (ou seja, a derivada f_n' é contínua), $\sum_{n=1}^{\infty} f_n(x_0)$ converge para algum $x_0 \in [a,b]$, e a série $\sum_{n=1}^{\infty} f_n'$ converge uniformemente em $[a,b]$ para uma função g. Então a série de funções $\sum_{n=1}^{\infty} f_n$ converge uniformemente em $[a,b]$ para uma função derivável f, tal que $f' = g$, e*

$$f'(x) = g(x) = \sum_{n=1}^{\infty} f_n'(x).$$

Exemplo 2.41 A série de funções

$$\sum_{n=1}^{\infty} \frac{(-1)^n}{n} \cos(x/n), \tag{2.21}$$

converge no ponto $x = 0$. Derivando termo a termo obtemos

$$\sum_{n=1}^{\infty} \frac{(-1)^{n+1}}{n^2} \operatorname{sen}(x/n), \tag{2.22}$$

sendo que $f_n(x) = \dfrac{(-1)^{n+1}}{n^2} \operatorname{sen}(x/n)$ é contínua em $(-\infty, \infty)$, e a série (2.22) converge uniformemente em $(-\infty, \infty)$ (aplicando o Teste de Weierstrass). Pelo Teorema 2.40, a série (2.21) converge uniformemente em qualquer intervalo $[a, b]$ para uma função derivável $f(x) = \displaystyle\sum_{n=1}^{\infty} \frac{(-1)^n}{n} \cos(x/n)$ $(-\infty < x < \infty)$ e com derivada $f'(x) = \displaystyle\sum_{n=1}^{\infty} \frac{(-1)^{n+1}}{n^2} \operatorname{sen}(x/n)$.

EXERCÍCIOS

(1) Determine o conjunto $\Omega \subseteq \mathbb{R}$ para o qual a sequência $\{f_n\}$ converge simplesmente, e determine a função limite.

$$(a)\ f_n(x) = x^n(1 - x^2), \quad (b)\ f_n(x) = x^n(1 - x^n),$$
$$(c)\ f_n(x) = nx\mathrm{e}^{-nx^2}, \quad (d)\ f_n(x) = n^2\,(1 - \cos(x/n)).$$

(2) Determine $f(x) = \lim\limits_{n\to\infty} f_n(x)$ em Ω e determine que $\{f_n\}$ converge uniformemente para f em subconjuntos fechados de Ω, mas não em Ω,

$$(a)\ f_n(x) = x^n \operatorname{sen}(nx), \quad \Omega = (-1, 1),$$
$$(b)\ f_n(x) = \frac{1}{1 + x^{2n}}, \quad \Omega = \{x \in \mathbb{R} : x \neq \pm 1\}.$$

(3) (a) Prove que se $\{f_n\}$ converge uniformemente em Ω, então $\{f_n\}$ converge uniformemente em qualquer subconjunto de Ω.

(b) Prove que se $\{f_n\}$ converge uniformemente em $\Omega_1, \Omega_2, ..., \Omega_k$, então $\{f_n\}$ converge uniformemente em $\Omega = \bigcup_{j=1}^{k} \Omega_j$.

(4) Prove que se $\{f_n\}$ converge uniformemente para f em Ω, então $\lim_{n\to\infty} \|f_n\|_\Omega = \|f\|_\Omega$.

(5) Se $\{f_n\}$ e $\{g_n\}$ convergem uniformemente para f e g (respectivamente) em Ω, então $\{f_n + g_n\}$ converge uniformemente para $f + g$ em Ω.

(6) Se $\{f_n\}$ e $\{g_n\}$ convergem uniformemente para as funções limitadas f e g (respectivamente) em Ω, prove que $\{f_n g_n\}$ converge uniformemente para fg em Ω.

(7) Determine os limites.

$$(a)\ \lim_{n\to\infty} \int_1^4 \frac{n}{x} \operatorname{sen}(x/n)\, dx$$

$$(b)\ \lim_{n\to\infty} \int_0^2 \frac{1}{1 + x^{2n}}\, dx,$$

$$(c)\ \lim_{n\to\infty} \int_0^1 nx\mathrm{e}^{-nx^2}\, dx.$$

(8) Use o teste de Weierstarss para determinar o conjunto que a série converge absolutamente uniforme.

$$(a)\ \sum_{n=1}^{\infty} \frac{1}{\sqrt{n}} \left(\frac{x}{1+x}\right)^n,$$

$$(b)\ \sum_{n=1}^{\infty} \frac{1}{n(x^2+n)},$$

$$(c)\ \sum_{n=1}^{\infty} \frac{(1-x^2)^n}{(1+x^2)^n} \operatorname{sen}(nx).$$

(9) Suponha que $\sum_{n=1}^{\infty} |a_n| < \infty$. Prove que $f(x) = \sum_{n=1}^{\infty} a_n \cos(nx)$ e $g(x) = \sum_{n=1}^{\infty} a_n \operatorname{sen}(nx)$ definem funções contínuas em $(-\infty, \infty)$.

RESPOSTAS

(1) (a) $f(x) = 0$, se $|x| \leq 1$; (b) $f(x) = 0$ se $|x| < 1$; (c) $f(x) = 0$ se $-\infty < x < \infty$; (d) $f(x) = x^2/2$, se $-\infty < x < \infty$.
(2) (a) $f(x) = 0$; (b) $f(x) = 1$, com $|x| < 1$.
(7) (a) 3; (b) 1; (c) 1/2.
(8) (a) Subconjuntos compactos de $(-1/2, \infty)$; (b) $(-\infty, \infty)$; (c) subconjuntos compactos de $(-\infty, 0) \cup (0, \infty)$.

Capítulo 3

Funções Definidas por Integrais Impróprias

3.1 Integrais que Dependem de um Parâmetro

Seja $\Omega = \{(x, y) \in \mathbb{R}^2 : a \leq x \leq b \ , \ c \leq y \leq d\} = [a, b] \times [c, d]$ (com a, b, c e d números reais) e considere $f : \Omega \subset \mathbb{R}^2 \to \mathbb{R}$ uma função contínua. Para cada $y \in [c, d]$ fixado a função $x \mapsto f(x, y)$ é contínua em $[a, b]$ e, portanto, integrável (segundo Riemann). Podemos definir a função $F : [c, d] \to \mathbb{R}$ por

$$F(y) = \int_a^b f(x, y) \, dx. \tag{3.1}$$

Vamos estudar algumas das propriedades da função F definida em (3.1).

Teorema 3.1 *Seja $f : \Omega \subset \mathbb{R}^2 \to \mathbb{R}$ uma função contínua. Então a função F definida em (3.1) é contínua em $[c, d]$.*

Demonstração Como Ω é compacto, então f é uniformemente contínua (veja Teorema C4 do Apêndice). Logo, dado $\varepsilon > 0$ existe $\delta = \delta(\varepsilon)$ tal que se $y, y_0 \in [c, d]$ e $|y - y_0| < \delta$ então $|f(x, y) - f(x, y_0)| < \varepsilon$, para todo $x \in [a,b]$. Com isso, obtemos

$$\begin{aligned} |F(y) - F(y_0)| &= \left| \int_a^b (f(x,y) - f(x,y_0))\, dx \right| \\ &\leq \int_a^b |f(x,y) - f(x,y_0)|\, dx \\ &\leq \varepsilon\,(b-a), \end{aligned}$$

ou seja, F é contínua em qualquer ponto $y_0 \in [c,d]$. □

Teorema 3.2 *Seja* $f : \Omega \subset \mathbb{R}^2 \to \mathbb{R}$ *contínua e com* $\dfrac{\partial f}{\partial y}$ *contínua em* Ω. *Então a função* F *definida em (3.1) possui derivada em* $[c,d]$ *e*

$$F'(y) = \int_a^b \frac{\partial f}{\partial y}(x,y)\, dx. \tag{3.2}$$

Demonstração Como $\dfrac{\partial f}{\partial y}$ é contína e Ω é compacto, então $\dfrac{\partial f}{\partial y}$ é uniformemente contínua em Ω. Logo, dado $\varepsilon > 0$ existe $\delta = \delta(\varepsilon) > 0$ tal que se $|y - y_0| < \delta$, implica que $\left|\dfrac{\partial f}{\partial y}(x,y) - \dfrac{\partial f}{\partial y}(x,y_0)\right| < \varepsilon$ para todo $x \in [a,b]$. Para $y, y_0 \in [c,d]$, usando o Teorema do Valor Médio (veja Teorema C6 do Apêndice) existe y_1 (que depende de x e que está entre y e y_0) tal que

$$f(x,y) - f(x,y_0) = (y - y_0)\frac{\partial f}{\partial y}(x,y_1).$$

Logo, se $0 < |y - y_0| < \delta$, então

$$\left| \frac{f(x,y) - f(x,y_0)}{y - y_0} - \frac{\partial f}{\partial y}(x,y_0) \right| = \left| \frac{\partial f}{\partial y}(x,y_1) - \frac{\partial f}{\partial y}(x,y_0) \right| < \varepsilon,$$

para todo $x \in [a,b]$. Com isso, obtemos

$$\begin{aligned}
&\left|\frac{F(y)-F(y_0)}{y-y_0} - \int_a^b \frac{\partial f}{\partial y}(x,y_0)\,dx\right| \\
&= \left|\int_a^b \frac{f(x,y)-f(x,y_0)}{y-y_0}\,dx - \frac{\partial f}{\partial y}(x,y_0)\,dx\right| \\
&\leq \int_a^b \left|\frac{f(x,y)-f(x,y_0)}{y-y_0} - \frac{\partial f}{\partial y}(x,y_0)\right| dx \\
&< \varepsilon\,(b-a).
\end{aligned}$$

Portanto, $F'(y_0) = \displaystyle\int_a^b \frac{\partial f}{\partial y}(x,y_0)\,dx$ para todo $y_0 \in [c,d]$. □

Exemplo 3.3 Considere a função $f(x,y) = \cos(x\,y)$, com $(x,y) \in \mathbb{R}^2$. Temos que $\dfrac{\partial f}{\partial y}(x,y) = -\,x\,\mathrm{sen}(x\,y)$. Como f e $\dfrac{\partial f}{\partial y}$ são contínuas para todo (x,y), pelo Teorema 3.2, se

$$F(y) = \int_0^\pi \cos(xy)\,dx, \tag{3.3}$$

então,

$$F'(y) = -\int_0^\pi x\,\mathrm{sen}(xy)\,dx. \tag{3.4}$$

Observe que integrando (3.3), obtemos (para $y \neq 0$),

$$F(y) = \left.\frac{\mathrm{sen}(xy)}{y}\right|_0^\pi = \frac{\mathrm{sen}(\pi y)}{y}. \tag{3.5}$$

Portanto, derivando (3.5) (e usando (3.4)), obtemos (para $y \neq 0$)

$$\int_0^\pi x\,\mathrm{sen}(xy)\,dx = \frac{\mathrm{sen}(\pi\,y)}{y} - \frac{\pi\cos(\pi\,y)}{y}.$$

Teorema 3.4 (Fórmula de Leibniz) *Seja* $f : \Omega \subset \mathbb{R}^2 \to \mathbb{R}$ *uma função contínua, com derivada parcial* $\dfrac{\partial f}{\partial y}$ *contínua. Sejam* $g, h : [c,d] \to [a,b]$

funções diferenciáveis. Então a função $\varphi : [c,d] \to \mathbb{R}$ *definida por* $\varphi(y) = \displaystyle\int_{g(y)}^{h(y)} f(x,y)\,dx$ *possui derivada para cada* $y \in [c,d]$ *e*

$$\varphi'(y) = f(h(y),y)\,h'(y) - f(g(y),y)\,g'(y) + \int_{g(y)}^{h(y)} \frac{\partial f}{\partial y}\,dx.$$

Demonstração Defina $H(u,v,y) = \displaystyle\int_v^u f(x,y)\,dx$, com $u, v \in [a,b]$ e $y \in [c,d]$. Temos que $\varphi(y) = H(h(y), g(y), y)$. Aplicando a regra da cadeia, obtemos

$$\begin{aligned}\varphi'(y) &= \frac{\partial H}{\partial u}(h(y),g(y),y)\,h'(y) + \frac{\partial H}{\partial v}(h(y),g(y),y)\,g'(y)\\ &+ \frac{\partial H}{\partial y}(h(y),g(y),y).\end{aligned}$$

Temos que $\dfrac{\partial H}{\partial u}(u,v,y) = f(x,y)$, $\dfrac{\partial H}{\partial v} = -f(x,y)$ e, pelo Teorema 3.2 obtemos $\dfrac{\partial H}{\partial y}(u,v,y) = \displaystyle\int_v^u \frac{\partial f}{\partial y}(x,y)\,dx$. Portanto,

$$\varphi'(y) = f(h(y),y)\,h'(y) - f(g(y),y)\,g'(y) + \int_{g(y)}^{h(y)} \frac{\partial f}{\partial y}\,dx.$$

□

Teorema 3.5 (Teorema de Fubini) *Seja* $f : [a,b] \times [c,d] \to \mathbb{R}$ *contínua. Então*

$$\int_c^d \left[\int_a^b f(x,y)\,dx\right] dy = \int_a^b \left[\int_c^d f(x,y)\,dy\right] dx.$$

Demonstração. Veja a demonstração no Apêndice D. □

3.2 Integrais Impróprias que Dependem de um Parâmetro

Seja $f : [a,\infty)\times J \to \mathbb{R}$ onde J é algum intervalo. Defina, para $y \in J$, $F(y) = \displaystyle\int_a^{\infty} f(x,y)\,dx$. Dizemos que F converge pontualmente (ou simplesmente, converge) e escrevemos

$$F(y) = \int_a^{\infty} f(x,y)\,dx = \lim_{b\to\infty}\int_a^{b} f(x,y)\,dx$$

se, para cada $y \in J$ e todo $\varepsilon > 0$, existir $r = r(y)$ (que também depende de ε) tal que

$$\left|F(y) - \int_a^{r} f(x,y)\,dx\right| = \left|\int_r^{\infty} f(x,y)\,dx\right| < \varepsilon,$$

para $r \leq t < \infty$.

A convergência pontual de F para todo $y \in J$ não implica que F é contínua ou integrável em J, e a hipótese que $\dfrac{\partial f}{\partial y}$ é contínua e $\displaystyle\int_a^{\infty}\frac{\partial f}{\partial y}\,dx$ convergente não implica (3.2). Veja no próximo exemplo.

Exemplo 3.6 Considere a função $f(x,y) = y\,\mathrm{e}^{-|y|\,x}$, que é contínua em $[0,\infty)\times(-\infty,\infty)$. Temos

$$\begin{aligned} F(y) = \int_0^{\infty} f(x,y)\,dx &= \int_0^{\infty} y\,\mathrm{e}^{-|y|\,x}\,dx \\ &= \begin{cases} -1, \text{ se } y < 0, \\ 0, \text{ se } y = 0, \\ 1, \text{ se } y > 0. \end{cases} \end{aligned}$$

Portanto, F não é contínua em $y = 0$.

Exemplo 3.7 A função $f(x,y) = y^3\,\mathrm{e}^{-y^2 x}$ é contínua em todo $\mathbb{R}^2$, e em particular na região $[0,\infty)\times(-\infty\,\infty)$. Temos que

$$\begin{aligned} F(y) &= \int_0^{\infty} f(x,y)\,dx \\ &= \int_0^{\infty} y^3\,\mathrm{e}^{-y^2 x}\,dx \\ &= y, \end{aligned}$$

para todo $-\infty < y < \infty$, e portanto, obtemos $F'(y) = 1$. Entretanto,

$$\begin{aligned}\int_0^\infty \frac{\partial f}{\partial y}(x,y)\,dx &= \int_0^\infty (3y^2 - 2y^4\,x)\,\mathrm{e}^{-y^2\,x}\,dx \\ &= \begin{cases} 1, & \text{se } y \neq 0, \\ 0, & \text{se } y = 0. \end{cases}\end{aligned}$$

Portanto, $F'(y) \neq \displaystyle\int_0^\infty \frac{\partial f}{\partial y}(x,y)\,dx.$

Definição 3.8 Seja $f : [a,\infty) \times [c,d] \to \mathbb{R}$ (com $c < d \leq \infty$) uma função tal que para cada $y \in J = [c,d]$ a integral imprópria

$$F(y) = \int_a^\infty f(x,y)\,dx, \tag{3.6}$$

seja convergente. Dizemos que esta convergência é uniforme em J se, para todo $\varepsilon > 0$ existir $N = N(\varepsilon)$ tal que se $r \geq N$ e $y \in J$, temos

$$\left|F(y) - \int_a^r f(x,y)\,dx\right| < \varepsilon.$$

Vamos apresentar alguns testes para convergência uniforme de funções definidas em (3.6).

Teorema 3.9 (Critério de Cauchy para Convergência de Integral Imprópria) *Suponha que g seja localmente integrável em $[a,\infty)$ e considere $G(t) = \displaystyle\int_a^t g(x)\,dx$, $a \leq t < \infty$. Então, a integral imprópria $\displaystyle\int_a^\infty g(x)\,dx$ converge se, e somente se, para todo $\varepsilon > 0$ existe $t_0 \in [a,\infty)$ tal que*

$$|G(t) - G(t_1)| < \varepsilon, \quad t_0 \leq t, t_1 < \infty.$$

Demonstração ($\Rightarrow$) Suponha que $\displaystyle\int_a^\infty g(x)\,dx = L$. Pela definição, para todo $\varepsilon > 0$ existe $t_0 \in [a,\infty)$ tal que $|G(t) - L| < \varepsilon/2$ e também $|G(t_1) - L| < \varepsilon/2$, $t_0 \leq t, t_1 < \infty$. Portanto, para $t_0 \leq t, t_1 < \infty$, obtemos

$$\begin{aligned} |G(t) - G(t_1)| &= |G(t) - L + L - G(t_1)| \\ &\leq |G(t) - L| + |G(t_1) - L| \\ &< \varepsilon/2 + \varepsilon/2 = \varepsilon. \end{aligned}$$

($\Leftarrow$) Se $|G(t) - G(t_1)| < \varepsilon$, para $t_0 \leq t, t_1 < \infty$, então

$$\begin{aligned} |G(t)| &= |G(t_1) + G(t) - G(t_1)| \\ &\leq |G(t_1)| + |G(t) - G(t_1)| \\ &\leq |G(t_1)| + \varepsilon. \end{aligned}$$

Como G é limitada no conjunto compacto $[a, t_0]$, então G é limitada em $[a, \infty)$. Considerando as funções monótonas

$$\overline{G}(t) = \sup\{G(t_1) :\ t \leq t_1 < \infty\},$$
$$\underline{G}(t) = \inf\{G(t_1) :\ t \leq t_1 < \infty\},$$

e como $\lim_{t\to\infty} \overline{G}(t) = \overline{L}$ e $\lim_{t\to\infty} \underline{G}(t) = \underline{L}$ existem e são finitos, obtemos que

$$\begin{aligned} |G(t) - G(t_1)| &= |G(t) - G(t_0) + G(t_0) - G(t_1)| \\ &\leq |G(t) - G(t_0)| + |G(t_1) - G(t_0)| \\ &\leq \varepsilon + \varepsilon = 2\varepsilon. \end{aligned}$$

Logo, $\overline{G}(t) - \underline{G}(t) \leq 2\varepsilon$, $t_0 \leq t, t_1 < \infty$. Como $\varepsilon > 0$ é arbitrário, então $\lim_{t\to\infty} (\underline{G}(t) - \overline{G}(t)) = 0$, ou seja , $\underline{L} = \overline{L}$. Definindo $L = \overline{L} = \underline{L}$, como $\underline{G}(t) \leq G(t) \leq \overline{G}(t)$, então $\lim_{t\to\infty} G(t) = L$. □

Teorema 3.10 (Critério de Cauchy para convergência uniforme) *Suponha que para cada $y \in J$, a integral imprópria em (3.6) seja convergente. Então a convergência é uniforme em J se, e somente se, para cada $\varepsilon > 0$ existe um número $K = K(\varepsilon)$ tal que, se $b \geq r \geq K$ e $y \in J$ temos*

$$\left| \int_r^b f(x, y)\, dy \right| < \varepsilon. \tag{3.7}$$

Demonstração ($\Rightarrow$) Se a convergência é uniforme em J, então pela definição para cada $\varepsilon > 0$ existe $K = K(\varepsilon)$ tal que se $r \geq K$ e $y \in J$ temos que

$$\left| F(y) - \int_a^r f(x, y)\, dx \right| < \frac{\varepsilon}{2}.$$

Logo, se $b \geq r \geq K$, temos

$$\begin{aligned} \left| \int_r^b f(x,y)\,dx \right| &= \left| \int_a^b f(x,y)\,dx - \int_a^r f(x,y)\,dx \right| \\ &= \left| \int_a^b f(x,y)\,dx - F(y) + F(y) - \int_a^r f(x,y)\,dx \right| \\ &\leq \left| F(y) - \int_a^b f(x,y)\,dx \right| + \left| F(y) - \int_a^r f(x,y)\,dx \right| \\ &\leq \frac{\varepsilon}{2} + \frac{\varepsilon}{2} = \varepsilon. \end{aligned}$$

($\Leftarrow$) Vamos denotar $F(t,y) = \displaystyle\int_a^t f(x,y)\,dx$. Temos que

$$\left| F(t,y) - F(t_1,y) \right| = \left| \int_{t_1}^t f(x,y)\,dx \right| < \varepsilon,$$

para $t_0 \leq t, t_1 < \infty$ e $y \in J$. Aplicando o Teorema 3.9 com $G(t) = F(t,y)$ (y fixado), temos que $\displaystyle\int_a^\infty f(x,y)\,dx$ convergente pontualmente para cada $y \in J$. Portanto, dado $\varepsilon > 0$, para cada $y \in J$, existe $t_0(y) \in [0,\infty)$ tal que

$$\left| \int_r^\infty f(x,y)\,dx \right| < \varepsilon, \tag{3.8}$$

para $y \in J$ e $t_0(y) \leq r < \infty$. Para cada $y \in J$, escolha $t_1(y) \geq \text{máx}\{t_0(y), t_0\}$. Então,

$$\int_r^\infty f(x,y)\,dx = \int_r^{t_1(y)} f(x,y)\,dx + \int_{t_1(y)}^\infty f(x,y)\,dx.$$

Portanto, usando (3.7) e (3.8), obtemos

$$\begin{aligned} \left| \int_r^\infty f(x,y)\,dx \right| &\leq \left| \int_r^{t_1(y)} f(x,y)\,dx \right| + \left| \int_{t_1(y)}^\infty f(x,y)\,dx \right| \\ &\leq \varepsilon + \varepsilon = 2\,\varepsilon. \end{aligned}$$

□

Exemplo 3.11 Na prática, não é preciso exigir t_0 para cada ε dado. É suficiente obtermos uma estimativa que implica sua existência. Considere a integral imprópria $\int_0^\infty y\,e^{-|y|x}\,dx$. Temos, para $y\neq 0$

$$\left|\int_r^\infty ye^{-|y|x}\,dx\right| \leq \int_r^\infty |y|e^{-|y|x}\,dx = e^{-r|y|}.$$

Se $|y|\geq\alpha$, então

$$\left|\int_r^\infty ye^{-|y|x}\,dx\right| \leq e^{-r\alpha}.$$

Logo, $\int_0^\infty ye^{-|y|x}\,dx$ converge uniformemente em $(-\infty,-\alpha]\cup[\alpha,\infty)$ se $\alpha>0$. Entretanto, a integral imprópria não converge uniformemente em nenhuma vizinhança de $y=0$, pois para todo $r>0$ temos $e^{-r|y|}>1/2$ para $|y|$ suficientemente pequeno.

Exemplo 3.12 Considere a função definida pela integral imprópria $F(t)=\int_0^\infty x^{-1/2}\,e^{-x\,t}\,dx.$

(i) Para $t\leq 0$, $F(t)$ é divergente. De fato, Temos,

$$F(0)=\int_0^\infty x^{-1/2}\,dx=\infty.$$

Se $t<0$, temos que $e^{-xt}\geq 1$ (pois $0\leq x<\infty$). Logo,

$$F(t)=\int_0^\infty x^{-1/2}e^{-xt}\,dx\geq\int_0^\infty x^{-1/2}\,dx,$$

e portanto (pelo Critério da Comparação) divergente.

(ii) Para $t>0$, considere as integrais

$$F_1(t)=\int_0^1 x^{-1/2}\,e^{-x\,t}\,dx \quad \text{e} \quad F_2(t)=\int_1^\infty x^{-1/2}\,e^{-x\,t}\,dx.$$

(a) Se $0<r_1<r$ e $t\geq 0$, então

$$\left|\int_{r_1}^r x^{-1/2}\,e^{-x\,t}\,dx\right|\leq\int_{r_1}^r x^{-1/2}\,dx<2r^{1/2}.$$

Logo, F_1 convergente uniformemente em $[0,1]$.
(b) Temos, para $0 < r < r_1 < \infty$,

$$\left|\int_r^{r_1} x^{-1/2}\,\mathrm{e}^{-x\,t}\,dx\right| \leq r^{-1/2}\int_r^{\infty} \mathrm{e}^{-x\,t}\,dx = \frac{\mathrm{e}^{-r\,t}}{\sqrt{r}\,t}.$$

Logo, F_2 converge uniformemente em $[\alpha,\infty)$ se $\alpha > 0$, mas não converge uniformemente em $(0,\alpha)$, pois fazendo a mudança de variável $u = x\,t$ obtemos

$$\int_r^{r_1} x^{-1/2}\,\mathrm{e}^{-x\,t}\,dx = \frac{1}{\sqrt{t}}\int_{r\,t}^{r_1 t} u^{-1/2}\,\mathrm{e}^{-u}\,du$$

que, para $r > 0$ fixado, pode ser arbitrariamente grande considerando t suficientemente pequeno e $r = \dfrac{1}{t}$.
Portanto, usando (a) e (b), F converge uniformemente em $[\alpha,\infty)$ se $\alpha > 0$.

Teorema 3.13 (Teste M de Weierstrass) *Suponha que a função $f = f(x,y)$ seja integrável em $[a,t]$ para todo $t \geq a$ e todo $y \in [c,d] = J$. Se existir uma função positiva $M = M(x)$ definida em $[a,\infty)$ tal que $|f(x,y)| \leq M(x)$ para $x \geq a$ e $y \in J$ e que $\int_a^{\infty} M(x)\,dx$ seja convergente, então para cada $y \in J$ temos que $F(y) = \int_a^{\infty} f(x,y)\,dx$ é (absolutamente) convergente e a convergência é uniforme em J.*

Demonstração Pelo Critério da Comparação (Teorema 1.25) temos que a integral imprópria $\int_a^{\infty} |f(x,y)|\,dx$ é convergente. Portanto, a integral $F(y) = \int_a^{\infty} f(x,y)\,dx$ é absolutamente convergente para cada $y \in J$. Além disso, temos

$$\left|\int_a^b f(x,y)\,dx\right| \leq \int_a^b |f(x,y)|\,dx \leq \int_a^b M(x)\,dx.$$

Aplicando o Critério de Cauchy para a convergência da integral imprópria (Teorema 3.10), obtemos que $F(y) = \int_a^{\infty} f(x,y)\,dx$ converge uniforme em J. $\square$

Exemplo 3.14 Seja $F(y) = \int_0^1 x^p \cos(x\,y)\,dx$. Observe que temos a estimativa $|x^p \cos(xy)| \leq x^p$. Como a integral $\int_0^1 x^p\,dx$ é convergente se $p > -1$, então F converge absolutamente em $(-\infty, \infty)$ se $p > -1$.

Exemplo 3.15 Seja $F(y) = \int_0^\infty \frac{\cos(xy)}{1+x^2}\,dx$. Considerando as funções $f(x,y) = \frac{\cos(xy)}{1+x^2}$ e $M(x) = \frac{1}{1+x^2}$, temos que $|f(x,y)| \leq M(x)$. Como $\int_0^\infty M(x)\,dx$ é convergente, então pelo Teste M de Weierstrass a integral

$$F(y) = \int_0^\infty \frac{\cos(xy)}{1+x^2}\,dx$$

converge uniformemente para $y \in \mathbb{R}$.

Lema 3.16 *Sejam $g, h : [a,b] \to \mathbb{R}$ funções sendo que g é não negativa e decrescente e h é contínua. Então existe $\theta \in [a,b]$ tal que*

$$\int_a^b g(x)\,h(x)\,dx = g(a) \int_a^\theta h(x)\,dx.$$

Demonstração Veja Teorema C7 do Apêndice. □

Teorema 3.17 (Teste de Dirichlet) *Seja $f : [a,\infty) \times [c,d] \to \mathbb{R}$ uma função contínua e suponha que exista uma constante C tal que*

$$\left| \int_a^t f(x,y)\,dx \right| \leq C$$

para todo $t \geq a$ e $y \in J = [c,d]$. Suponha que $\varphi : [a,\infty) \times [c,d] \to \mathbb{R}$ seja uma função decrescente para cada $y \in J$ fixado e que $\lim_{x\to\infty} \varphi(x,y) = 0$ uniformemente para $y \in J$. Então a integral

$$F(y) = \int_a^\infty f(x,y)\,\varphi(x,y)\,dx$$

converge uniformemente em J.

Demonstração Como $\lim_{x\to\infty} \varphi(x,y) = 0$, dado $\varepsilon > 0$ existe $K = K(\varepsilon)$ tal que se $x \geq K$ e $y \in J$ então $\varphi(x,y) < \varepsilon/2C$. Se $b \geq t \geq K$, pelo Lema 3.16, para cada $y \in J$, existe $\theta(y) \in [c,d]$ tal que

$$\int_t^b f(x,y)\,\varphi(x,y)\,dx = \varphi(t,y)\int_c^{\theta(y)} f(x,y)\,dx.$$

Portanto, se $b \geq t \geq K$ e $y \in J$, temos que

$$\left|\int_t^b f(x,y)\,\varphi(x,y)\,dx\right| \leq \varphi(t,y)\,2A < \varepsilon.$$

Logo, pelo Critério de Cauchy, a convergência é uniforme em J. □

Exemplo 3.18 Seja

$$g(x,y) = \begin{cases} \dfrac{e^{-xy}\mathrm{sen}(x)}{x} & , \text{ se } x > 0, \\ 1 & , \text{ se } x = 0. \end{cases}$$

Considere agora $F(y) = \int_0^\infty g(x,y)\,dx$. Não podemos aplicar o Teste M de Weierstrass, mas considerando $f(x,y) = sen(x)$ e

$$\varphi(x,y) = \begin{cases} \dfrac{e^{-xy}}{x} & , \text{ se } x > 0, \\ 1 & , \text{ se } x = 0, \end{cases}$$

podemos aplicar o Teste de Dirichlet (Teorema 3.17) para concluir que

$$F(y) = \int_0^\infty \frac{e^{-xy}\mathrm{sen}(x)}{x}\,dx$$

converge uniformemente.

Teorema 3.19 *Seja $f : [a,\infty) \times [c,d] \to \mathbb{R}$ uma função contínua e suponha que $F(y) = \int_a^\infty f(x,y)\,dx$ converge uniformemente em $J = [c,d]$. Então F é contínua em J.*

Demonstração Para cada $n \in \mathbb{N}$, defina $F_n : J \to \mathbb{R}$ por

$$F_n(y) = \int_a^{a+n} f(x, y)\, dx.$$

Pelo Teorema 3.1 temos que cada F_n é contínua em J. Como a sequência $\{F_n\}$ converge para F uniformemente em J, então F é contínua (veja o Teorema 2.12). □

Teorema 3.20 *Com as mesmas hipóteses do Teorema 3.19, temos*

$$\int_c^d F(y)\, dy = \int_a^\infty \left[\int_c^d f(x, y)\, dy \right] dx,$$

ou seja,

$$\int_c^d \left[\int_a^\infty f(x, y)\, dx \right] dy = \int_a^\infty \left[\int_c^d f(x, y)\, dy \right] dx.$$

Demonstração Para cada $n \in \mathbb{N}$ defina $F_n(y) = \displaystyle\int_a^{a+n} f(x, y)\, dx$. Pelo Teorema de Fubini, temos

$$\int_c^d F_n(y)\, dy = \int_a^{a+n} \left[\int_c^d f(x, y)\, dy \right] dx.$$

Como a sequência $\{F_n\}$ converge uniformemente para F em J, então (veja Teorema 2.14) obtemos $\displaystyle\int_c^d F(y)\, dy = \lim_{n \to \infty} \int_c^d F_n(y)\, dy$. Logo,

$$\begin{aligned} \int_c^d F(y)\, dy &= \lim_{n \to \infty} \int_c^d F_n(y)\, dy \\ &= \lim_{n \to \infty} \int_a^{a+n} \left[\int_c^d f(x, y)\, dy \right] dx \\ &= \int_a^\infty \left[\int_c^d f(x, y)\, dy \right] dx. \end{aligned}$$

□

Teorema 3.21 *Seja* $f : [a, \infty) \times [c, d] \to \mathbb{R}$ *uma função contínua e com derivada parcial* $\dfrac{\partial f}{\partial y}$ *contínua. Suponha que* $F(y) = \displaystyle\int_a^\infty f(x, y)\, dx$

existe para todo $y \in [c,d]$ *e que* $G(y) = \displaystyle\int_a^\infty \frac{\partial f}{\partial y}(x,y)\,dx$ *seja uniformemente convergente em* $J = [c,d]$. *Então* F *é diferenciável e*

$$F'(y) = \int_a^\infty \frac{\partial f}{\partial y}(x,y)\,dx.$$

Demonstração Para cada $n \in \mathbb{N}$ defina $F_n(y) = \displaystyle\int_a^{a+n} f(x,y)\,dx$, $y \in J$. Pelo Teorema 3.2 temos que

$$F_n'(y) = \int_a^{a+n} \frac{\partial f}{\partial y}(x,y)\,dx.$$

Temos que a sequência $\{F_n\}$ converge para F em J e que a sequência $\{F_n'\}$ converge uniforme para G em J. Portanto, F é diferenciável em J e temos $F'(y) = G(y)$, ou seja,

$$F'(y) = \int_a^\infty \frac{\partial f}{\partial y}(x,y)\,dx.$$

□

Exemplo 3.22 Para $y > 0$ temos que

$$\frac{1}{y} = \int_0^\infty \mathrm{e}^{-xy}\,dx,$$

e a convergência é uniforme para $y \geq y_0 > 0$. Integrando ambos os membros em relação a y no intervalo $[a,b]$, $0 < a < b$, e usando o Teorema 3.20, obtemos

$$\begin{aligned}
\ln(b/a) &= \int_a^b \frac{1}{y}\,dy \\
&= \int_a^b \left[\int_0^\infty \mathrm{e}^{-xy}\,dx\right] dy \\
&= \int_0^\infty \left[\int_a^b \mathrm{e}^{-xy}\,dy\right] dy \\
&= \int_0^\infty \frac{\mathrm{e}^{-ax} - \mathrm{e}^{-bx}}{x}\,dx.
\end{aligned}$$

Exemplo 3.23 Derivando a igualdade $\dfrac{1}{y} = \displaystyle\int_0^\infty e^{-xy}\,dx$ (para $y > 0$) em relação a y, obtemos

$$\frac{1}{y^2} = \int_0^\infty x\,e^{-xy}\,dx.$$

Temos que essa integral imprópria converge uniformemente se $y \geq y_0 > 0$. Por indução obtemos, para $y > 0$,

$$\frac{n!}{y^{n+1}} = \int_0^\infty x^n\,e^{-xy}\,dx. \tag{3.9}$$

Usando que $\Gamma(\alpha) = \displaystyle\int_0^\infty e^{-x}\,x^{\alpha-1}\,dx$ (função Gama, mais detalhes no Capítulo 4), então com $y = 1$ em (3.9), obtemos $\Gamma(n+1) = n\,!$.

Exemplo 3.24 Para $y \geq 0$ e $u \geq 0$, defina

$$F(u) = \int_0^\infty \frac{e^{-yx}\text{sen}(u\,x)}{x}\,dx.$$

Se $y > 0$, então a integral imprópria é uniformemente convergente para $u \geq 0$. Do mesmo modo é também uniformemente convergente a integral

$$F'(u) = \int_0^\infty e^{-xy}\cos(u\,x)\,dx.$$

Usando integração por partes, obtemos

$$\int_0^b e^{-xy}\cos(u\,x)\,dx = \frac{e^{-by}(u\,\text{sen}(b\,u) - y\cos(b\,u))}{y^2+u^2} + \frac{y}{y^2+u^2}.$$

Fazendo $b \to \infty$, obtemos

$$\begin{aligned} F'(u) &= \int_0^\infty e^{-xy}\cos(u\,x)\,dx \\ &= \lim_{b\to\infty}\int_0^b e^{-xy}\cos(u\,x)\,dx \\ &= \frac{y}{y^2+u^2}, \quad \text{para } u \geq 0. \end{aligned}$$

Logo, existe uma constante C tal que, para $u \geq 0$,

$$F(u) = \operatorname{arc\,tg}(u/y) + C.$$

Como $F(0) = 0$ e $\operatorname{arc\,tg}(0) = 0$, obtemos que $C = 0$. Portanto, se $y \geq 0$ e $u \geq 0$, temos

$$\operatorname{arc\,tg}(u/y) = \int_0^\infty \mathrm{e}^{-xy} \frac{\operatorname{sen}(u\,x)}{x}\, dx.$$

Fixando $u > 0$ e usando o Exemplo 3.18 para determinar que a integral imprópria converge uniformemente se $y \geq 0$, de modo que o limite é contínuo para $y \geq 0$. Logo, fazendo $y \to 0^+$, obtemos (para $u > 0$)

$$\frac{\pi}{2} = \int_0^\infty \frac{\operatorname{sen}(u\,x)}{x}\, dx.$$

Agora, usando o Teorma 3.10, para $0 < a < b$ obtemos

$$\begin{aligned}
\frac{\pi}{2}(b-a) &= \int_a^b \left[\int_0^\infty \frac{\operatorname{sen}(xy)}{x}\, dx\right] dy \\
&= \int_0^\infty \left[\int_a^b \frac{\operatorname{sen}(xy)}{x}\, dy\right] dx \\
&= \int_0^\infty \frac{\cos(bx) - \cos(ax)}{x^2}\, dx.
\end{aligned}$$

Como essa última integral converge uniformemente em $(-\infty, \infty)$, e portanto, contínua, com respeito a "b", pelo Teorema 3.20, fazendo $b \to 0^+$ obtemos

$$\int_0^\infty \frac{1 - \cos(ax)}{x^2}\, dx = \frac{\pi a}{2}, \quad \text{para } a > 0.$$

3.3 Teoremas de Convergência para Sequências de Integrais Impróprias

Dada uma sequência de funções $\{f_n\}$, $f_n : [a, \infty) \to \mathbb{R}$, suponha que as integrais impróprias $\int_a^\infty f_n(x)\, dx$ sejam convergentes e que a função

$f(x) = \lim_{n\to\infty} f_n(x)$ exista para todo $x \in [a,\infty)$. Queremos concluir, em que condições, a integral $\int_a^\infty f(x)\,dx$ existe e que também

$$\int_a^\infty f(x)\,dx = \lim_{n\to\infty} \int_a^\infty f_n(x)\,dx.$$

Teorema 3.25 (Teorema da Convergência Dominada) *Seja* $\{f_n\}$ *uma sequência limitada,* $f_n : [a,\infty) \to \mathbb{R}$*, e seja* $f(x) = \lim f_n(x)$ *para todo* $x \in [a,\infty)$*, e que* f *e* f_n *sejam integráveis em* $[a,c]$ *para todo* $c \geq a$*. Suponha que exista uma função* $g : [a,\infty) \to \mathbb{R}$ *tal que* $|f_n(x)| \leq g(x)$ *e que a integral imprópria* $\int_a^\infty g(x)\,dx$ *é convergente. Então*

$$\int_a^\infty f(x)\,dx = \lim_{n\to\infty} \int_a^\infty f_n(x)\,dx.$$

Demonstração Usando o Critério da Comparação temos que as integrais impróprias $\int_a^\infty f(x)\,dx$ e $\int_a^\infty f_n(x)\,dx$ são convergentes. Dado $\varepsilon > 0$, existe $K = K(\varepsilon)$ tal que

$$\int_K^\infty g(x)\,dx < \varepsilon.$$

Logo,

$$\left|\int_K^\infty f(x)\,dx\right| < \varepsilon \quad \text{e} \quad \left|\int_K^\infty f_n(x)\,dx\right| < \varepsilon,$$

Como $f(x) = \lim_{n\to\infty} f_n(x)$, para todo $x \in [a,K]$, temos que (usando o Teorema 2.14)

$$\int_a^K f(x)\,dx = \lim_{n\to\infty} \int_a^K f_n(x)\,dx.$$

Portanto,

$$\begin{aligned}
&\left|\int_a^\infty f(x)\,dx - \int_a^\infty f_n(x)\,dx\right| \\
&= \left|\int_a^K f(x)\,dx + \int_k^\infty f(x)\,dx - \int_a^K f_n(x)\,dx - \int_K^\infty f_n(x)\,dx\right| \\
&\leq \left|\int_K^\infty f(x)dx\right| + \left|\int_K^\infty f_n(x)\,dx\right| + \left|\int_a^K f(x)\,dx - \int_a^K f_n(x)\,dx\right| \\
&< \varepsilon + \varepsilon + \varepsilon = 3\varepsilon,
\end{aligned}$$

para n suficientemente grande, ou seja

$$\int_a^\infty f(x)\,dx = \lim_{n\to\infty} \int_a^\infty f_n(x)\,dx.$$

□

Teorema 3.26 (Teorema da Convergência Monótona) *Seja $\{f_n\}$ uma sequência limitada de funções positivas no intervalo $[a,\infty)$, não decrescente (ou seja, $f_n(x)\leq f_{n+1}(x)$ para todo $n\in\mathbb{N}$ e $x\geq a$), $f(x) = \lim f_n(x)$, tal que as funções f e f_n sejam integráveis em $[a,c]$ para todo $c > a$. Então f é integrável em $[a,\infty)$ se, e somente se, o conjunto*

$$\left\{\int_a^\infty f_n(x)\,dx :\ n\in\mathbb{N}\right\}$$

é limitado. Neste caso, temos

$$\int_a^\infty f(x)\,dx = \lim_{n\to\infty}\int_a^\infty f_n(x)\,dx = \sup_n\left\{\int_a^\infty f_n(x)\,dx\right\}.$$

Demonstração Como a sequência $\{f_n\}$ é não decrescente, então a sequência numérica $\{\int_a^\infty f_n(x)\,dx\}$ também é não decrescente.
($\Rightarrow$) Se f é integrável em $[a,\infty)$, então pelo Teorema da Convergência Dominada (com $g = f$), temos que

$$\int_a^\infty f(x)\,dx = \lim_{n\to\infty}\int_a^\infty f_n(x)\,dx.$$

($\Leftarrow$) Se o conjunto $\{\int_a^\infty f_n(x)\,dx\}$ é limitado e $S = \sup\{\int_a^\infty f_n(x)\,dx\}$. Se $c > a$, pelo Teorema da Convergência Monótona (Teorema 2.17), temos que

$$\int_a^c f(x)\,dx = \lim \int_a^c f_n(x)\,dx = \sup\left\{\int_a^c f_n(x)\,dx\right\}.$$

Como $f_n(x) \geq 0$, então

$$\int_a^c f_n(x)\,dx \leq \int_a^\infty f_n(x)\,dx \leq S.$$

Logo, pelo Teorema 2.15(b), a integral $\displaystyle\int_a^\infty f(x)\,dx$ é convergente e

$$\begin{aligned}
\int_a^\infty f(x)\,dx &= \sup_c \int_a^c f(x)\,dx \\
&= \sup_c\left(\sup_n \int_a^c f_n(x)\,dx\right) \\
&= \sup_n\left(\sup_c \int_a^c f_n(x)\,dx\right) \\
&= \sup_n\left(\int_a^\infty f_n(x)\,dx\right).
\end{aligned}$$

EXERCÍCIOS

(1) Discuta a convergência uniforme das integrais.

$$(a)\ F(y) = \int_0^\infty \frac{1}{1+y^2x^2}\,dx \quad (b)\ F(y) = \int_0^\infty x^2 \mathrm{e}^{-xy}\,dx.$$

(2) Prove que:

(a) $F(y) = \displaystyle\int_0^\infty \mathrm{e}^{-x^2}\cos(2xy)\,dx$ satisfaz $F'(y) + 2yF(y) = 0$.

(b) Use a parte (a) para provar que $F(y) = \dfrac{\sqrt{\pi}}{2}\mathrm{e}^{-y^2}$.

(c) Use (a) para provar que $\displaystyle\int_0^\infty \mathrm{e}^{-ax^2}\cos(xy)\,dx = \frac{1}{2}\sqrt{\frac{\pi}{a}}\mathrm{e}^{-y^2/4a}$, com $a > 0$.

(d) $\displaystyle\int_0^\infty \mathrm{e}^{-x^2}\mathrm{sen}(2xy)\,dx = \mathrm{e}^{-y^2}\int_0^y \mathrm{e}^{u^2}\,du.$

(3) Defina $G(y) = \int_0^\infty e^{-x^2-y^2/x^2}\,dx$. Prove que $G'(y) = -2G(y)$. Determine então $G(y)$ e estabeleça que

$$\int_0^\infty e^{-(x^2+y^2)/x^2}\,dx = \frac{1}{2}\sqrt{\pi}\,e^{-2|y|}.$$

(4) Avalie $F(y)$ e use o Teorema 3.21 para calcular I.

(a) $F(y) = \int_0^\infty \frac{1}{1+y^2x^2}\,dx$ (com $y \neq 0$) e

$I = \int_0^\infty \frac{\operatorname{arctg}(ax) - \operatorname{arctg}(bx)}{x}\,dx = \frac{\pi}{2}\ln(a/b)$, onde $a, b > 0$.

(b) $F(y) = \int_0^\infty e^{-xy}\cos(x)\,dx$ (com $y > 0$) e

$I = \int_0^\infty \frac{e^{-ax} - e^{-bx}}{x}\cos(x)\,dx = \frac{1}{2}\ln\left(\frac{b^2+1}{a^2+1}\right)$.

(5) Seja $f : (-\infty, \infty) \to \mathbb{R}$ tal que $\int_{-\infty}^\infty |f(x)|\,dx < \infty$. Prove que as funções

$$G(y) = \int_{-\infty}^\infty f(x)\cos(xy)\,dx,$$

$$H(y) = \int_{-\infty}^\infty f(x)\,\mathrm{sen}(xy)\,dx,$$

são contínuas em $(-\infty, \infty)$.

RESPOSTAS

(1) (a) Sugestão: $F(0) = \infty$. Se $y \neq 0$ então $F(y) = \frac{1}{y}\int_0^\infty \frac{1}{1+u^2}\,du$ (fazendo a mudança de variáveis $u = xy$). Se $\rho > 0$ e $\varepsilon > 0$ determine que existe r tal que $\int_r^\infty \frac{1}{1+u^2}\,du < \rho\,\varepsilon$. Então $\frac{1}{|y|}\int_r^\infty \frac{1}{1+u^2}\,du < \varepsilon$ se $|y| \geq \rho$. Logo, $F(y)$ converge uniformemente em $(-\infty, -\rho) \cup (\rho, \infty)$.
(b) $F(y) = \infty$ se $y \leq 0$. Se $y > 0$, então fazendo $u = xy$ obtemos $F(y) = \frac{1}{y^3}\int_0^\infty u^2 e^{-u}\,du$. Se $\rho > 0$ e $\varepsilon > 0$, determine r tal que $\int_r^\infty u^2 e^{-u}\,du < \rho^3\varepsilon$. Então, $\frac{1}{y^3}\int_r^\infty u^2 e^{-u}\,du < \varepsilon$ se $y \geq \rho$. Logo, $F(y)$ converge uniformemente em $[\rho, \infty)$ se $\rho > 0$.

Capítulo 4

Integrais Impróprias Iteradas

Se $g : [a,b] \times [c,d] \to \mathbb{R}$ é uma função contínua, então aplicando o Teorema de Fubini, temos

$$\int_a^b \left[\int_c^d g(x,y)\, dy \right] dx = \int_c^d \left[\int_a^b g(x,y)\, dx \right] dy.$$

Queremos determinar em que condições uma função

$$f : [a,\infty) \times [c,\infty) \to \mathbb{R}$$

satisfaz a igualdade

$$\int_a^\infty \left[\int_c^\infty f(x,y)\, dy \right] dx = \int_c^\infty \left[\int_a^\infty f(x,y)\, dx \right] dy. \tag{4.1}$$

Teorema 4.1 *Seja* $f : [a,\infty) \times [c,\infty) \to \mathbb{R}$ *uma função positiva. Suponha que*

$$\int_a^b \left[\int_c^\infty f(x,y) dy \right] dx = \int_c^\infty \left[\int_a^b f(x,y) dx \right] dy \tag{4.2}$$

para todo $b \geq a$, *e que*

$$\int_c^d \left[\int_a^\infty f(x,y) dx \right] dy = \int_a^\infty \left[\int_c^d f(x,y) dy \right] dx, \tag{4.3}$$

para todo $d \geq c$. *Então, se uma das integrais iteradas de (4.1) existe, a outra também existe e as duas são iguais.*

Demonstração Suponha que exista a integral

$$\int_c^\infty \left[\int_a^\infty f(x,y)\,dx\right] dy.$$

Como f é positiva, então

$$\int_a^b f(x,y)\,dx \leq \int_a^\infty f(x,y)\,dx,$$

para todo $b \geq a$ e $y \geq c$. Pelo Critério da Comparação, temos que

$$\int_c^\infty \left[\int_a^b f(x,y)\,dx\right] dy \leq \int_c^\infty \left[\int_a^\infty f(x,y)\,dx\right] dy.$$

Aplicando (4.2), obtemos

$$\int_a^b \left[\int_c^\infty f(x,y)\,dy\right] dx \leq \int_c^\infty \left[\int_a^\infty f(x,y)\,dx\right] dy,$$

para todo $b \geq a$. Usando o Teorema 2.15(b), podemos tomar o limite $b \to \infty$ e obtemos

$$\int_a^\infty \left[\int_c^\infty f(x,y)\,dy\right] dx \leq \int_c^\infty \left[\int_a^\infty f(x,y)\,dx\right] dy.$$

Repetindo o argumento e aplicando (4.3), obtemos a desigualdade inversa. Portanto,

$$\int_a^\infty \left[\int_c^\infty f(x,y)\,dy\right] dx = \int_c^\infty \left[\int_a^\infty f(x,y)\,dx\right] dy.$$

□

Teorema 4.2 *Seja $f : [a,\infty) \times [c,\infty) \to \mathbb{R}$ uma função contínua satisfazendo*

$$|f(x,y)| \leq g(x)\,h(y), \;\; x \geq a \text{ e } y \geq c; \tag{4.4}$$

onde

$$\int_a^\infty g(x)\,dx \text{ e } \int_c^\infty h(y)\,dy \text{ são convergentes.} \tag{4.5}$$

Então, as integrais iteradas em (4.1) ambas existem e são iguais

Demonstração Defina a função $G(x,y) = f(x,y) + g(x)\,h(y)$, para $x \geq a$ e $y \geq c$. Temos que $0 \leq G(x,y) \leq 2\,g(x)\,h(y)$. Como h é limitada em cada intervalo $[c,d]$, por (4.4) e usando o Teste M de Weierstarss, obtemos que a integral $\displaystyle\int_a^\infty G(x,y)\,dx$ converge uniformemente para $y \in [c,d]$. Aplicando o Teorema 3.20 obtemos que a equação (4.3) se verifica (com f substituída por G) para cada $d \geq c$. Pelo Critério da Comparação, temos que as integrais iteradas em (4.1) existem (com f substituída por G). Logo, pelo Teorema 4.1 essas integrais iteradas de G são iguais. Portanto, as integrais iteradas de f existem e são iguais. $\square$

Exemplo 4.3 Seja $f(x,y) = \mathrm{e}^{-(x+y)}\cos(xy)$ com $(x,y) \in [0,\infty) \times [0,\infty)$. Considerando $g(x) = \mathrm{e}^{-x}$ e $h(y) = \mathrm{e}^{-y}$, podemos aplicar o Teorema 4.2 para obtermos que

$$\int_0^\infty \left[\int_0^\infty \mathrm{e}^{-(x+y)}\cos(xy)\,dx\right] dy = \int_0^\infty \left[\int_0^\infty \mathrm{e}^{-(x+y)}\cos(xy)\,dy\right] dx.$$

Exemplo 4.4 Considere a função $f(x,y) = x\,\mathrm{e}^{-x^2(1+y^2)}$ com $x \geq a > 0$ e $y \geq 0$. Se $g(x) = x\,\mathrm{e}^{-x^2}$ e $h(y) = \mathrm{e}^{-a^2 y^2}$, aplicando o Teorema 4.2, podemor inverter a ordem de integração em $a \leq x$ e $0 \leq y$. Como

$$\int_a^\infty x\,\mathrm{e}^{-(1+y^2)x^2}\,dx = \frac{\mathrm{e}^{-a^2(1+y^2)}}{2(1+y^2)}, \tag{4.6}$$

obtemos

$$\frac{1}{2}\,\mathrm{e}^{-a^2}\int_0^\infty \frac{\mathrm{e}^{-a^2y^2}}{1+y^2}\,dy = \int_a^\infty \mathrm{e}^{-x^2}\left(\int_0^\infty x\,\mathrm{e}^{-x^2y^2}\,dy\right) dx. \tag{4.7}$$

Usando a mudança de variável $t = x\,y$, obtemos

$$\int_0^\infty x\,\mathrm{e}^{-x^2y^2}\,dy = \int_0^\infty \mathrm{e}^{-t^2}\,dt = I < \infty.$$

Com isso, usando (4.7), obtemos

$$\int_0^\infty \frac{\mathrm{e}^{-a^2y^2}}{1+y^2}\,dy = 2\,\mathrm{e}^{a^2} I \int_a^\infty \mathrm{e}^{-x^2}\,dx. \tag{4.8}$$

Como $\lim_{a\to 0^+} \int_a^\infty e^{-x^2}\,dx = \int_0^\infty e^{-x^2}\,dx = I$, obtemos em (4.8),

$$\int_0^\infty \frac{e^{-a^2y^2}}{1+y^2}\,dy = 2\,I^2.$$

Temos também que $\left|\frac{e^{-a^2y^2}}{1+y^2}\right| \le \frac{1}{1+y^2}$, se $y \ge 0$. Aplicando o Teorema da Convergência Dominada (Teorema 3.5), obtemos

$$\begin{aligned} \frac{\pi}{2} &= \int_0^\infty \frac{1}{1+y^2}\,dy \\ &= \lim_{a\to 0} \int_0^\infty \frac{e^{-a^2y^2}}{1+y^2}\,dy \\ &= 2\,I^2, \end{aligned}$$

ou seja, $I^2 = \frac{\pi}{4}$. Portanto,

$$\int_0^\infty e^{-x^2}\,dx = \frac{\sqrt{\pi}}{2}.$$

Exemplo 4.5 Defina $F : \mathbb{R}\to\mathbb{R}$ por $F(t) = \int_0^\infty e^{-x^2}\cos(t\,x)\,dx$. Aplicando o Teorema 3.21, temos que F é derivável e que

$$F'(t) = \int_0^\infty -\,x\,e^{-x^2}\,\mathrm{sen}(t\,x)\,dx.$$

Usando integração por partes, obtemos

$$F'(t) = -\,\frac{t}{2}\int_0^\infty e^{-x^2}\cos(t\,x)\,dx = -\,\frac{t}{2}\,F(t).$$

Logo, $F(t) = C\,e^{-t^2/4}$ para alguma constante C. Temos, usando o Exemplo 4.4,

$$C = F(0) = \int_0^\infty e^{-x^2}\,dx = \frac{\sqrt{\pi}}{2}.$$

Portanto,

$$F(t) = \int_0^\infty e^{-x^2}\cos(t\,x)\,dx = \frac{\sqrt{\pi}}{2}e^{-t^2/4}.$$

Agora, usando o Teorema de Mudança de Variável, obtemos, para $c > 0$,

$$\int_0^\infty e^{-cx^2} \cos(t\,x)\,dx = \frac{1}{2}\sqrt{\frac{\pi}{c}}\, e^{-t^2/4c}.$$

Teorema 4.6 *Suponha que* $f : [a,\infty)\times[c,\infty)\to\mathbb{R}$ *seja contínua e que*

$$\int_a^\infty f(x,y)\,dx \quad \text{e} \quad \int_c^\infty f(x,y)\,dy \tag{4.9}$$

sejam uniformemente convergentes para $y \geq c$ *e* $x \geq a$ *respectivamente. Além disso, se* $F(x,t) = \int_c^t f(x,y)\,dy$ *e*

$$\int_a^\infty F(x,t)\,dx \tag{4.10}$$

é uniformemente convergente se $t \geq c$. *Então,*

$$\int_a^\infty \left[\int_c^\infty f(x,y)\,dy\right] dx \quad \text{e} \quad \int_c^\infty \left[\int_a^\infty f(x,y)\,dx\right] dy$$

existem e são iguais.

Demonstração Como a integral em (4.10) é uniformemente convergente para $y \geq c$, dado $\varepsilon > 0$ existe um número $\alpha_\varepsilon \geq a$ tal que se $\alpha \geq \alpha_\varepsilon$, então

$$\left|\int_a^\alpha F(x,y)\,dy - \int_a^\infty F(x,y)\,dx\right| < \varepsilon, \tag{4.11}$$

para todo $y \geq c$. Temos que,

$$\begin{aligned}\int_a^\alpha F(x,t)\,dx &= \int_a^\alpha \left[\int_c^t f(x,y)\,dy\right] dx\\ &= \int_c^t \left[\int_a^\alpha f(x,y)\,dx\right] dy.\end{aligned}$$

Usando o Teorema 3.20 e a convergência uniforme da segunda integral em (4.9), obtemos que

$$\lim_{t\to\infty} \int_a^\alpha F(x,t)\,dx = \int_a^\alpha \left[\int_c^\infty f(x,y)\,dy\right] dx.$$

Logo, existe um número $\beta \geq c$ tal que se $\beta_2 \geq \beta_1 \geq \beta$ então

$$\left| \int_a^\alpha F(x, \beta_2)\, dx - \int_a^\alpha F(x, \beta_1)\, dx \right| < \varepsilon. \tag{4.12}$$

Agora usando (4.11) e (4.12), obtemos para $\beta_2 \geq \beta_1 \geq \beta$,

$$\left| \int_a^\infty F(x, \beta_2)\, dx - \int_a^\infty F(x, \beta_1)\, dx \right| < 3\varepsilon.$$

Com isso, o limite $\lim\limits_{t \to \infty} \displaystyle\int_a^\infty F(x, t)\, dx$ existe. Aplicando o Teorema 3.20 e a convergência uniforme da primeira integral de (4.9), obtemos

$$\begin{aligned} \lim_{t \to \infty} \int_a^\infty F(x, t)\, dx &= \lim_{t \to \infty} \int_a^\infty \left[\int_c^t f(x, y)\, dy \right] dx \\ &= \lim_{t \to \infty} \int_c^t \left[\int_a^\infty f(x, y)\, dx \right] dy \\ &= \int_c^\infty \left[\int_a^\infty f(x, y)\, dx \right] dy. \end{aligned}$$

Como ambos os termos em (4.11) possuem limites com $y \to \infty$, concluimos que

$$\left| \int_a^\alpha \left[\int_c^\infty f(x, y)\, dy \right] dx - \int_c^\infty \left[\int_a^\infty f(x, y)\, dx \right] dy \right| \leq \varepsilon.$$

Agora, fazendo $\alpha \to \infty$ obtemos que

$$\int_a^\infty \left[\int_c^\infty f(x, y)\, dy \right] dx = \int_c^\infty \left[\int_a^\infty f(x, y)\, dx \right] dy.$$

□

Exemplo 4.7 Integrando por partes (duas vezes), obtemos

$$\int_a^\infty \mathrm{e}^{-x\,y} \mathrm{sen}(x)\, dx = \frac{\mathrm{e}^{-a\,y}}{1 + y^2} \cos(a) + \frac{y\mathrm{e}^{-a\,y}}{1 + y^2} \mathrm{sen}(a).$$

Usando o Teorema 4.2, temos (para $x \geq a > 0$ e $y \geq b > 0$),

$$\int_b^\infty \frac{e^{-a\,y}\cos(a)}{1+y^2}\,dy + \int_b^\infty \frac{y\,e^{-a\,y}\text{sen}(a)}{1+y^2}\,dy$$
$$= \int_a^\infty \left[\int_b^\infty e^{-x\,y}\text{sen}(x)\,dy\right] dx$$
$$= \int_a^\infty \frac{e^{-b\,x}\,\text{sen}(x)}{x}\,dx. \tag{4.13}$$

(i) Fazendo o limite $a \to 0^+$, obtemos

$$\lim_{a\to 0^+}\int_a^\infty \frac{e^{-b\,x}\,\text{sen}(x)}{x}\,dx = \int_0^\infty \frac{e^{-b\,x}\,\text{sen}(x)}{x}\,dx.$$

(ii) Temos que $|e^{-a\,y}\cos(a)| \leq 1$, com $y \geq 0$. Logo, $\left|\dfrac{e^{-a\,y}\cos(a)}{1+y^2}\right| \leq \dfrac{1}{1+y^2}$.
Como $\displaystyle\int_b^\infty \frac{1}{1+y^2}\,dy$ é convergente, então aplicando o Teorema da Convergência Dominada, obtemos

$$\begin{aligned}\lim_{a\to 0^+}\int_b^\infty \frac{e^{-a\,y}\cos(a)}{1+y^2}\,dy &= \int_b^\infty \frac{1}{1+y^2}\,dx\\ &= \frac{\pi}{2} - \text{arc tg}(b).\end{aligned}$$

(iii) Para a segunda integral, usando que $x \leq e^x$ e $|\text{sen}(x)| \leq x$ para $x \geq 0$, obtemos

$$|e^{-a\,y}\,\text{sen}(a)| \leq \frac{1}{y}.$$

Logo,

$$\left|\frac{y\,e^{-a\,y}\,\text{sen}(a)}{1+y^2}\right| \leq \frac{1}{1+y^2},$$

e portanto, usando o Teorema da Convergência Dominada, obtemos

$$\lim_{a\to 0^+}\int_b^\infty \frac{y\,e^{-a\,y}\,\text{sen}(a)}{1+y^2}\,dy = 0.$$

Portanto, com (i), (ii) e (iii), em (4.13) obtemos

$$\begin{aligned}\frac{\pi}{2} - \text{arc tg}(b) &= \int_b^\infty \frac{1}{1+y^2}\,dy\\ &= \int_0^\infty \frac{e^{-b\,x}\,\text{sen}(x)}{x}\,dx. \end{aligned}\tag{4.14}$$

Agora, usando o Teste de Dirichlet (Teorema 3.17) com $f(x,y) = \text{sen}(x)$ e $\varphi(x,y) = \text{e}^{-yx}/x$, temos que a integral

$$\int_{\varepsilon}^{\infty} \frac{\text{e}^{-yx}\,\text{sen}(x)}{x}\, dx$$

converge uniformemente se $y \geq 0$ ($\varepsilon \to 0$). Logo, em (4.14) fazendo $b \to 0$ obtemos

$$\int_0^{\infty} \frac{\text{sen}(x)}{x}\, dx = \frac{\pi}{2}.$$

EXERCÍCIOS

(1) Considere a função $f : [0,\infty)\times[0,\infty) \to \mathbb{R}$, $f(x,y) = \text{e}^{-(a+y)x}\text{sen}(y)$, com $a > 0$. Considerando as integrais iteradas, prove que

$$\int_0^{\infty} \frac{\text{e}^{-ax}}{1+x^2}\, dx = \int_0^{\infty} \frac{\text{sen}(y)}{a+y}\, dy.$$

(2) Usando argumentos análogos ao do Exemplo 4.4 e as fórmulas dos Exercícios 2 e 3 (do Capítulo 3), prove que

$$\int_0^{\infty} \frac{\cos(xy)}{1+y^2}\, dy = \frac{\pi}{2}\,\text{e}^{-|x|}.$$

(3) Seja $f(x,y) = \dfrac{x-y}{(x+y)^3}$.

(i) Verifique que $\displaystyle\int_1^{a} \left[\int_1^{\infty} f(x,y)\, dx\right] dy > 0$, para $a \geq 1$.

(ii) Verifique que $\displaystyle\int_1^{b} \left[\int_1^{\infty} f(x,y)\, dy\right] dx < 0$, para $b \geq 1$.

(iii) Conclua que $\displaystyle\int_1^{\infty} \left[\int_1^{\infty} f(x,y)\, dx\right] dy \neq \int_1^{\infty} \left[\int_1^{\infty} f(x,y)\, dy\right] dx.$

Capítulo 5

Algumas Funções Especiais Definidas por Integrais Impróprias

5.1 A Função Gama

Nesta seção vamos apresentar alguns resultados da função gama de Euler (ou simplesmente, função gama), que é denotada por $\Gamma(x)$, $x \in \mathbb{R}$. A função gama pode ser utilizada na resolução de equações diferenciais ordinárias pelo método de expansão em séries de potências ou pelo método de Frobenius.

A função gama foi inicialmente concebida por Euler[1] como uma generalização contínua do fatorial de números naturais: $n!$, para $n \in \mathbb{N}$. A ideia de Euler era encontrar uma função Γ que satisfizesse $\Gamma(1) = 1$ e também satisfizesse a equação funcional $\Gamma(x+1) = x\,\Gamma(x)$ para todo x real positivo. Depois de várias tentativas Euler concluiu que a função

$$\Gamma(x) = \frac{1}{x} \prod_{m=1}^{\infty} \left[\left(1 + \frac{1}{m}\right)^{x} \left(1 + \frac{x}{m}\right)^{-1} \right] \tag{5.1}$$

[1] Leonhard Paul Euler (1707-1783)

satisfazia as condições desejadas. De fato, temos $\Gamma(1) = 1$ e

$$\begin{aligned}
\Gamma(x+1) &= \frac{1}{x+1}\prod_{m=1}^{\infty}\left[\left(1+\frac{1}{m}\right)^{x+1}\left(1+\frac{x+1}{m}\right)^{-1}\right] \\
&= \frac{x}{x+1}\left(\prod_{m=1}^{\infty}\left[\frac{m+1}{m}\,\frac{m+x}{m+1+x}\right]\right)\times \\
&\times \left(\frac{1}{x}\prod_{m=1}^{\infty}\left[\left(1+\frac{1}{m}\right)^{x}\left(1+\frac{x}{m}\right)^{-1}\right]\right) \\
&= \frac{x}{x+1}\,(x+1)\,\Gamma(x) \\
&= x\,\Gamma(x),
\end{aligned}$$

pois $\displaystyle\prod_{m=1}^{\infty}\left(\frac{m+1}{m}\,\frac{m+x}{m+1+x}\right) = x+1$. Com isso, temos $\Gamma(2) = 1$, $\Gamma(3) = 2$, $\Gamma(4) = 3!$ e $\Gamma(n+1) = n!$ para todo $n \in \mathbb{N}$.

Euler estudou diversas propriedades da função definida em (5.1). Uma dessas propriedades identificadas por Euler foi o fato que $\Gamma(x)$ pode ser escrita na forma de uma integral

$$\Gamma(x) = \int_0^{\infty} t^{x-1}\,\mathrm{e}^{-t}\,dt. \tag{5.2}$$

Vamos iniciar o nosso tratamento da função gama definindo-a por (5.2). Uma das maiores utilidades práticas da função gama é o cálculo de certas integrais definidas (faremos alguns exemplos a seguir).

Definição 5.1 Para $\alpha \geq 1$ definimos a função

$$\Gamma(\alpha) = \int_0^{\infty} \mathrm{e}^{-x}\,x^{\alpha-1}\,dx$$

que é chamada de função Gama .

Vamos verificar que esta integral imprópria é convergente.

Considere a função $g(x) = \dfrac{1}{x^2}$ para $x \geq 1$. Temos,

$$\lim_{x\to\infty}\frac{\mathrm{e}^{-x}x^{\alpha-1}}{x^2} = \lim_{x\to\infty}\frac{x^{\alpha+1}}{\mathrm{e}^{x}} = 0.$$

Logo, dado $\varepsilon > 0$ existe $K = K(\varepsilon)$ tal que

$$0 < \mathrm{e}^{-x}\, x^{\alpha+1} \leq \varepsilon\, x^{-2}, \quad \text{para } x \geq K.$$

Como a integral imprópria $\displaystyle\int_K^\infty \frac{1}{x^2}\, dx$ é convergente, então a integral imprópria $\displaystyle\int_K^\infty \mathrm{e}^{-x}\, x^{\alpha-1}\, dx$ é convergente. Portanto, para $\alpha \geq 1$, temos que

$$\Gamma(\alpha) = \int_0^\infty \mathrm{e}^{-x}\, x^{\alpha-1}\, dx < \infty.$$

Agora, para $0 < \alpha < 1$, temos que a integral imprópria $\displaystyle\int_0^1 x^{\alpha-1}\, dx$ é convergente. Como $0 < \mathrm{e}^{-x} \leq 1$ para todo $x \geq 0$, temos pelo Critério da Comparação que a integral imprópria $\displaystyle\int_0^1 \mathrm{e}^{-x}\, x^{\alpha-1}\, dx$ é convergente (com $0 < \alpha < 1$). Logo, podemos definir a função Gama para todo $\alpha > 0$ considerando como a soma

$$\Gamma(\alpha) = \int_0^\infty \mathrm{e}^{-x}\, x^{\alpha-1}\, dx = \int_0^1 \mathrm{e}^{-x}\, x^{\alpha-1}\, dx + \int_1^\infty \mathrm{e}^{-x}\, x^{\alpha-1}\, dx.$$

Temos que, para todo $\alpha > 0$,

$$\Gamma(\alpha+1) = \alpha\, \Gamma(\alpha). \tag{5.3}$$

De fato,

$$\Gamma(\alpha+1) = \int_0^\infty \mathrm{e}^{-x}\, x^{(\alpha+1)-1}\, dx = \int_0^\infty \mathrm{e}^{-x}\, x^{\alpha}\, dx.$$

Agora, usando integração por partes, obtemos

$$\int_0^t \mathrm{e}^{-x}\, x^{\alpha}\, dx = -\, t^{\alpha}\, \mathrm{e}^{-t} + \alpha \int_0^t \mathrm{e}^{-x}\, x^{\alpha-1}\, dx,$$

e então

$$\int_0^\infty \mathrm{e}^{-x}\, x^{\alpha}\, dx = \lim_{t\to\infty} \int_0^t \mathrm{e}^{-x}\, x^{\alpha}\, dx = \alpha \int_0^\infty \mathrm{e}^{-x}\, x^{\alpha-1}\, dx = \alpha\, \Gamma(\alpha).$$

Portanto, $\Gamma(\alpha+1) = \alpha\, \Gamma(\alpha)$.

Com isso, temos

$$\begin{aligned}
\Gamma(1) &= \int_0^\infty e^{-x}\,dx = 1\\
\Gamma(2) &= \Gamma(1+1) = 1\,\Gamma(1) = 1\\
\Gamma(3) &= \Gamma(2+1) = 2\,\Gamma(2) = 2 = 2!\\
\Gamma(4) &= \Gamma(3+1) = 3\,\Gamma(3) = 6 = 3!\\
\Gamma(5) &= \Gamma(4+1) = 4\,\Gamma(4) = 24 = 4!
\end{aligned}$$

e por indução obtemos $\Gamma(n+1) = n!$ para $n \in \mathbb{N}$.

Vamos verificar agora que $\Gamma(1/2) = \sqrt{\pi}$. De fato, pela definição temos que $\Gamma(1/2) = \displaystyle\int_0^\infty e^{-x}\,x^{-1/2}\,dx$. Usando a mudança de variável $x = u^2$, obtemos

$$\begin{aligned}
\Gamma(1/2) = &= \int_0^\infty e^{-x}\,x^{-1/2}\,dx\\
&= 2\int_0^\infty e^{-u^2}\,du\\
&= 2\,\frac{\sqrt{\pi}}{2} = \sqrt{\pi}.
\end{aligned}$$

Com isso e usando (5.3) obtemos

$$\begin{aligned}
\Gamma(3/2) &= \Gamma(1/2+1) = \frac{1}{2}\Gamma(1/2) = \frac{\sqrt{\pi}}{2},\\
\Gamma(5/2) &= \Gamma(3/2+1) = \frac{3}{2}\Gamma(3/2) = \frac{3\sqrt{\pi}}{4},\\
\Gamma(7/2) &= \Gamma(3+1/2) = \Gamma(5/2+1) = \frac{5}{2}\Gamma(5/2) = \frac{15\sqrt{\pi}}{8},\\
\Gamma\Big(n+\frac{1}{2}\Big) &= \frac{1.3....(2n-1)}{2^n}\sqrt{\pi} = \frac{(2n)!}{4^n\,n!}\sqrt{\pi},\ n \in \mathbb{N}.
\end{aligned}$$

Temos, para $x > 0$,

$$\begin{aligned}
\Gamma'(x) &= \int_0^\infty e^{-t}\,t^{x-1}\ln(t)\,dt\\
\Gamma''(x) &= \int_0^\infty e^{-t}t^{x-1}\,(\ln(t))^2\,dt.
\end{aligned}$$

Logo, $\Gamma''(x) > 0$ para $x > 0$. Portanto, Γ é uma função convexa em $\mathbb{R}_+ = \{x \in \mathbb{R} : x > 0\}$ (veja Apêndice I).

Vamos agora fazer a extensão da função Γ para $x \leq 0$.

Usando que $\Gamma(x+1) = x\,\Gamma(x)$, obtemos

$$\Gamma(x+n) = (x+n-1)(x+n-2)....(x+1)\,x\Gamma(x),$$

e então podemos escrever

$$\Gamma(x) = \frac{\Gamma(x+n)}{(x+n-1)(x+n-2)...(x+1)\,x}. \tag{5.4}$$

Como $\Gamma(x+n)$ está definida para $x+n > 0$, então (5.4) prolonga $\Gamma(x)$ na região $x > -n$, exceto nos pontos $x = -k$ $(k = 0, 1, ..., n-1)$. Usando (5.4), obtemos para $x > -n$

$$\begin{aligned}
\Gamma(x+1) &= \frac{\Gamma(x+1+n)}{(x+n)(x+n-1)...(x+1)} \\
&= \frac{(x+n)\Gamma(x+n)}{(x+n)(x+n-1)...(x+1)} \\
&= \frac{\Gamma(x+n)}{(x+n-1)...(x+1)} \\
&= x\,\Gamma(x).
\end{aligned}$$

Com isso, podemos calcular a função gama para valores negativos não inteiros. Por exemplo, usando que $\Gamma(x) = \dfrac{\Gamma(x+1)}{x}$, temos

$$\begin{aligned}
&\Gamma(-1/2) = -2\,\Gamma(1/2) = -2\sqrt{\pi}, \\
&\Gamma(-3/2) = -\frac{2}{3}\,\Gamma(-3/2+1) = -\frac{2}{3}\Gamma(-1/2) = \frac{4\sqrt{\pi}}{3}.
\end{aligned}$$

A função gama não é a única função que satisfaz as condições $\Gamma(1) = 1$ e $\Gamma(x+1) = x\,\Gamma(x)$, pois se f é uma função periódica de período 1 (ou seja, $f(x+1) = f(x)$) e com $f(1) = 1$ (por exemplo, $f(x) = \cos(2\pi\,x)$), então a função $G(x) = f(x)\,\Gamma(x)$ satisfaz

$$\begin{aligned}
&G(1) = 1, \\
&G(x+1) = x\,G(x).
\end{aligned}$$

A unicidade da função gama é demonstrada pelo Teorema de Bohr-Mollerup (veja no Apêndice I).

Definição 5.2 Para $x > 0$ e $y > 0$, a função Beta de Euler é definida por

$$B(x, y) = \int_0^1 t^{x-1}\,(1-t)^{y-1}\,dt. \tag{5.5}$$

Se $x \geq 1$ e $y \geq 1$, esta integral é própria (ou uma integral definida), mas se $0 < x < 1$ ou $0 < y < 1$, a integral é imprópria.

É possível provar que

$$B(x, y) = \frac{\Gamma(x)\,\Gamma(y)}{\Gamma(x+y)}, \tag{5.6}$$

(veja o exercício 2 deste capítulo).

Vamos fazer algumas aplicações usando a igualdade (5.6).

Exemplo 5.3 Aplicando a mudança de variável $t = u^{1/n}$ ($n \in \mathbb{R}$ e $n > 0$) na integral

$$\int_0^1 \frac{1}{\sqrt{1-t^n}}\,dt,$$

obtemos

$$\begin{aligned} \int_0^1 \frac{1}{\sqrt{1-t^n}}\,dt &= \int_0^1 \frac{1}{n}\,\frac{1}{\sqrt{1-u}}\,u^{1/n-1}\,du \\ &= \frac{1}{n}\int_0^1 u^{1/n-1}(1-u)^{-1/2}\,du \\ &= \frac{1}{n}B(1/n, 1/2) \\ &= \frac{1}{n}\,\frac{\Gamma(1/n)\,\Gamma(1/2)}{\Gamma(1/2n+1/2)} \\ &= \frac{1}{n}\sqrt{\pi}\,\frac{\Gamma(1/n)}{\Gamma((n+2)/2n)}. \end{aligned}$$

Por exemplo, se $n = 2/3$, temos

$$\int_0^1 \frac{1}{\sqrt{1-x^{3/2}}}\,dx = \frac{3}{2}\sqrt{\pi}\,\frac{\Gamma(3/2)}{\Gamma(2)} = \frac{3\,\pi}{4}.$$

Agora, para $n = 1/2$, obtemos

$$\int_0^1 \frac{1}{\sqrt{1-\sqrt{x}}}\,dx = 2\sqrt{\pi}\,\frac{\Gamma(2)}{\Gamma(5/2)} = 2\sqrt{\pi}.1.\frac{4}{3\sqrt{\pi}} = \frac{8}{3}.$$

Exemplo 5.4 Para $x > 0$ e $y > 0$, fazendo a mudança de variável $t = (\operatorname{sen} u)^2$ em (5.5) obtemos

$$B(x,y) = 2\int_0^{\pi/2} (\operatorname{sen} u)^{2x-1}(\cos u)^{2y-1}\,du.$$

Com isso, para $x = n + \dfrac{1}{2}$ e $y = 1/2$, obtemos (usando (5.6))

$$\begin{aligned}
\int_0^{\pi/2} (\operatorname{sen} u)^{2n}\,du &= \frac{1}{2}\,B(n+\frac{1}{2},\frac{1}{2}) \\
&= \frac{1}{2}\,\frac{\Gamma(n+\frac{1}{2})\,\Gamma(1/2)}{\Gamma(n+1/2+1/2)} \\
&= \frac{\sqrt{\pi}}{2}\,\frac{\Gamma(n+\frac{1}{2})}{\Gamma(n+1)} \\
&= \frac{1.3.5...(2n-1)}{2.4.6...(2n)}\,\frac{\pi}{2}.
\end{aligned}$$

Por exemplo, (com $n = 5$), $\displaystyle\int_0^{\pi/2} (\operatorname{sen}(x))^{10}\,dx = \frac{189}{1536}\pi.$
De forma análoga, obtemos que

$$\int_0^1 (\operatorname{sen} x)^{2n+1}\,dx = \frac{\sqrt{\pi}}{2}\,\frac{\Gamma(n+1)}{\Gamma(n+\frac{3}{2})} = \frac{2.4.6...(2n)}{1.3.5...(2n+1)}.$$

Também temos, para p e q inteiros não negativos

$$\begin{aligned}
B(p,q) &= \frac{\Gamma(p)\,\Gamma(q)}{\Gamma(p+q)} \\
&= 2\int_0^{\pi/2} (\cos(\theta))^{2p-1}(\operatorname{sen}(\theta))^{2q-1}\,d\theta \\
&= \frac{1}{2}\frac{(p-1)!(q-1)!}{(p+q-1)!}.
\end{aligned}$$

Por exemplo, com $p = 5$ e $q = 6$, temos que

$$\int_0^{\pi/2} (\cos(x))^9 (\operatorname{sen}(x))^{11}\, dx = \frac{1}{2520}.$$

EXERCÍCIOS

(1) Mostre que podemos escrever a função gama na forma

$$\Gamma(x) = 2\int_0^{\infty} e^{-s^2} s^{2x-1}\, ds = u^x \int_0^{\infty} e^{-ut} t^{x-1}\, dt.$$

(2) Integrando a função positiva $f(u,t) = e^{-t^2-u^2}\, t^{2x-1} u^{2y-1}$ no conjunto $\Omega = \{(t,u) \in \mathbb{R}^2 : t^2 + u^2 = R^2, t \geq 0 \text{ e } u \geq 0\}$ e comparando esta integral com a integral sobre quadrado inscrito e circunscrito, deduza que

$$B(x,y) = \frac{\Gamma(x)\,\Gamma(y)}{\Gamma(x+y)}.$$

5.2 A Transformada de Laplace

A transformada de Laplace é um método importante para a solução de problemas na teoria de equações diferenciais. O método consiste em resolver equações diferenciais como se fossem equações algébricas (veja os Exemplos 5.33 e 5.34). Mas antes precisamos de algumas de suas propriedades e de sua transformada inversa.

Definição 5.5 Seja $f : [0,\infty) \to \mathbb{R}$ uma função localmente integrável. A transformada de Laplace[2] de f é definida por

$$\mathcal{L}\{f\}(s) = \int_0^{\infty} e^{-st} f(t)\, dt,$$

desde que a integral seja convergente.

Observe que a transformada de Laplace é uma transformação linear, ou seja, se $f, g : [0,\infty) \to \mathbb{R}$ são funções tais que $\mathcal{L}\{f\}(s)$ e $\mathcal{L}\{g\}(s)$ existem, e $\alpha \in \mathbb{R}$, temos

$$\mathcal{L}\{\alpha f + g\}(s) = \alpha\, \mathcal{L}\{f\}(s) + \mathcal{L}\{g\}(s).$$

[2]Pierre Simon Laplace (1749 - 1827)

Exemplo 5.6. Considere a função $f(t) = 1$, para $t \geq 0$. Temos,

$$\begin{aligned}
\mathcal{L}\{1\}(s) &= \int_0^{\infty} \mathrm{e}^{-st}\, 1\, dt \\
&= \lim_{b\to\infty} \int_0^{b} \mathrm{e}^{-st}\, dt \\
&= \lim_{b\to\infty} \frac{1 - \mathrm{e}^{-sb}}{s} \\
&= \frac{1}{s},
\end{aligned}$$

para $s > 0$. Para $s \leq 0$ a integral é divergente.
Exemplo 5.7 Seja $f(t) = \cos(a\,t)$, com $a \in \mathbb{R}$, e $t \geq 0$. Temos,

$$\begin{aligned}
\mathcal{L}\{\cos(a\,t)\}(s) &= \int_0^{\infty} \mathrm{e}^{-st} \cos(a\,t)\, dt \\
&= \lim_{b\to\infty} \int_0^{b} \mathrm{e}^{-st} \cos(a\,t)\, dt \\
&= \frac{s}{s^2 + a^2},
\end{aligned}$$

se $s > 0$.
Definição 5.8 Uma função $f : [0, \infty) \to \mathbb{R}$ é de ordem exponencial se existem constantes $C > 0$ e $\alpha \in \mathbb{R}$ tais que $|f(t)| \leq C\,\mathrm{e}^{\alpha t}$ para todo $t \geq 0$.

Teorema 5.9 *Se $f : [0, \infty) \to \mathbb{R}$ é uma função contínua por partes, de ordem exponencial. Então existe $\alpha \in \mathbb{R}$ tal que a sua transformada de Laplace existe para todo $s > \alpha$.*

Demonstração Se f é de ordem exponencial então $|f(t)| \leq C\,\mathrm{e}^{\alpha t}$. Logo, $|\mathrm{e}^{-st} f(t)| \leq C\,\mathrm{e}^{(\alpha - s)t}$. Temos, para $s > \alpha$, que

$$\begin{aligned}
\int_0^{\infty} C\,\mathrm{e}^{(\alpha-s)t}\, dt &= \lim_{b\to\infty} \int_0^{b} C\mathrm{e}^{(\alpha-s)}\, dt \\
&= \lim_{b\to\infty} \frac{C}{(\alpha - s)} \left(\mathrm{e}^{(\alpha-s)b} - 1 \right) \\
&= \frac{C}{s - \alpha}.
\end{aligned}$$

Portanto, pelo Critério da Comparação temos que

$$\mathcal{L}\{f\}(s) = \int_0^\infty e^{-st} f(t)\,dt$$

é convergente se $s > \alpha$. □

Observe que a transformada de Laplace de uma função f ainda existe se $|f(t)| \leq M e^{Ct}$, para todo $t > T \geq 0$.

Exemplo 5.10 Transformada de Laplace de algumas funções básicas.

$$\begin{aligned}
&(a) \quad \mathcal{L}\{t^n\}(s) = \frac{n!}{s^n + 1}, \ s > 0, \ n \in \mathbb{N} \\
&(b) \quad \mathcal{L}\{e^{\alpha t}\}(s) = \frac{1}{s - \alpha}, \ s > \alpha \\
&(c) \quad \mathcal{L}\{\operatorname{sen}(k\,t)\}(s) = \frac{k}{s^2 + k^2}, \ s > 0 \\
&(d) \quad \mathcal{L}\{\cos(k\,t)\}(s) = \frac{s}{s^2 + k^2}, \ s > 0 \\
&(e) \quad \mathcal{L}\{\operatorname{senh}(k\,t)\}(s) = \frac{k}{s^2 - k^2}, \\
&(f) \quad \mathcal{L}\{\cosh(k\,t)\}(s) = \frac{s}{s^2 - k^2}.
\end{aligned}$$

Teorema 5.11 *Se f é uma função de ordem exponencial, então*

$$\lim_{s \to \infty} \mathcal{L}\{f\}(s) = 0.$$

Demonstração Pelo Teorema 5.9, existem constantes $C > 0$ e $\alpha \in \mathbb{R}$ tais que se $s > \alpha$, então

$$|\mathcal{L}\{f\}(s)| \leq \frac{C}{s - \alpha}$$

para todo $s > \alpha$. Como $\displaystyle\lim_{s \to \infty} \frac{C}{s - \alpha} = 0$, obtemos que $\displaystyle\lim_{s \to \infty} \mathcal{L}\{f\}(s) = 0$.

□

Teorema 5.12 *Se f é uma função contínua em $[0, \infty)$ e com sua derivada f' contínua por partes e de ordem exponencial em $[0, \infty)$. Então*

$$\mathcal{L}\{f'\}(s) = s\,\mathcal{L}\{f\}(s) - f(0).$$

Demonstração Usando que f é de ordem exponencial temos que

$$\lim_{b\to\infty} e^{-sb} f(b) = 0$$

e aplicando integração por partes, obtemos

$$\begin{aligned}
\mathcal{L}\{f'\}(s) &= \int_0^\infty e^{-st} f'(t)\,dt \\
&= \lim_{b\to\infty} \int_0^b e^{-st} f'(t)\,dt \\
&= \lim_{b\to\infty} \left[\left(e^{-sb} f(b) - f(0) \right) + s \int_0^\infty e^{-st} f(t)\,dt \right] \\
&= s\,\mathcal{L}\{f\}(s) - f(0).
\end{aligned}$$

□

Observação 5.13 (a) Se f e f' são contínuas em $[0,\infty)$ e f'' é contínua por partes e de ordem exponencial em $[0,\infty)$, então

$$\mathcal{L}\{f''\}(s) = s^2\,\mathcal{L}\{f\}(s) - s\,f(0) - f'(0).$$

(b) Em geral, se f, f',...,$f^{(n-1)}$ são contínuas em $[0,\infty)$ e $f^{(n)}$ é contínua por partes e de ordem exponencial em $[0,\infty)$, então

$$\mathcal{L}\{f^{(n)}\}(s) = s^n\,\mathcal{L}\{f\}(s) - s^{n-1} f(0) - s^{n-2} f'(0) - \ldots - f^{(n-1)}(0).$$

Teorema 5.14 *Seja f uma função de ordem exponencial em $[0,\infty)$ e $a \in \mathbb{R}$, $a \geq 0$, então*

$$\mathcal{L}\left\{ \int_a^t f(x)\,dx \right\}(s) = \frac{1}{s}\,\mathcal{L}\{f\}(s) - \frac{1}{s} \int_0^a f(x)\,dx.$$

Demonstração Se f é de ordem exponencial (ou seja, $|f(x)| \leq C\,e^{\alpha x}$, então a função $F(t) = \displaystyle\int_a^t f(x)\,dx$ também é de ordem exponencial, pois

$$\begin{aligned}
|F(t)| &\leq \int_a^t |f(x)|\,dx \\
&\leq \int_a^t C\,e^{\alpha x}\,dx \\
&\leq \frac{C}{\alpha}\,e^{\alpha t}.
\end{aligned}$$

Agora usando integração por partes e que F é de ordem exponencial, obtemos

$$\begin{aligned}
&\mathcal{L}\left\{\int_a^t f(x)\,dx\right\}(s) = \mathcal{L}\{F(t)\}(s)\\
&= \int_0^\infty e^{-st}F(t)\,dt = \lim_{b\to\infty}\int_0^b e^{-st}\,F(t)\,dt\\
&= \lim_{b\to\infty}\left[-\frac{e^{-sb}F(b)}{s} + \frac{F(0)}{s} + \frac{1}{s}\int_0^b e^{-st}f(t)\,dt\right]\\
&= \frac{1}{s}\mathcal{L}\{f\}(s) + \frac{F(0)}{s}\\
&= \frac{1}{s}\mathcal{L}\{f\}(s) - \frac{1}{s}\int_0^a f(x)\,dx.
\end{aligned}$$

□

Teorema 5.15 (Primeiro teorema do deslocamento)
Se $\mathcal{L}\{f\}(s) = \varphi(s)$, então

$$\mathcal{L}\{e^{at}\,f(t)\}(s) = \varphi(s-a).$$

Demonstração Temos

$$\begin{aligned}
\mathcal{L}\{e^{at}\,f(t)\}(s) &= \int_0^\infty e^{-st}\,e^{at}\,f(t)\,dt\\
&= \int_0^\infty e^{-(s-a)t}\,f(t)\,dt\\
&= \mathcal{L}\{f\}(s-a) = \varphi(s-a).
\end{aligned}$$

□

Definição 5.16 Seja $a\in\mathbb{R}$, $a\geq 0$. A função degrau unitário $u_a : [0,\infty)\to\mathbb{R}$ é definida por

$$u_a(t) = \begin{cases} 1 & , \text{ se } t > a, \\ 0 & , \text{ se } t \leq a. \end{cases}$$

Teorema 5.17 (Segundo teorema do deslocamento)
Seja $f(t) = u_a(t)\,g(t-a)$, com $a\geq 0$, uma função contínua por partes e de ordem exponencial. Então

$$\mathcal{L}\{f\}(s) = e^{-as}\,\mathcal{L}\{g\}(s).$$

Demonstração Pela definição temos que

$$\begin{aligned}\mathcal{L}\{f\}(s) &= \int_0^\infty e^{-st} f(t)\, dt \\ &= \int_0^\infty e^{-st} u_a(t)\, g(t-a)\, dt \\ &= \int_a^\infty e^{-st} g(t-a)\, dt.\end{aligned}$$

Fazendo a substituição $x = t - a$, obtemos

$$\begin{aligned}\mathcal{L}\{f\}(s) &= \int_0^\infty e^{-s(x+a)} g(x)\, dx \\ &= e^{-sa} \int_0^\infty e^{-sx} g(x)\, dx \\ &= e^{-as} \mathcal{L}\{g\}(s).\end{aligned}$$

□

Teorema 5.18 *Se* $\mathcal{L}\{f(t)\}(s) = \varphi(s)$, *então*

$$\mathcal{L}\{t^n f(t)\}(s) = (-1)^n \frac{d^n \varphi}{ds^n}(s).$$

Demonstração Se $\varphi(s) = \mathcal{L}\{f(t)\}(s) = \displaystyle\int_0^\infty e^{-st} f(t)\, dt$ então, pelo Teorema 3.21, temos que

$$\begin{aligned}\varphi'(s) &= \int_0^\infty \frac{\partial}{\partial s}\Big(e^{-st} f(t)\Big)\, dt \\ &= -\int_0^\infty t\, e^{-st} f(t)\, dt \\ &= -\mathcal{L}\{t\, f(t)\}(s).\end{aligned}$$

Aplicando novamente o Teorema 3.21, obtemos

$$\begin{aligned}\varphi''(s) &= -\int_0^\infty \frac{\partial}{\partial s}\Big(e^{-st}\, t\, f(t)\Big)\, dt \\ &= \int_0^\infty t^2 e^{-st} f(t)\, dt \\ &= \mathcal{L}\{t^2 f(t)\}(s).\end{aligned}$$

Usando o processo de indução, obtemos $\varphi^{(n)}(s) = (-1)^n \mathcal{L}\{t^n f(t)\}(s)$.

□

Definição 5.19 Sejam $f, g : [0, \infty) \rightarrow \mathbb{R}$ funções contínuas por partes. A convolução (ou produto de convolução) de f e g (denotada por $f * g$) é definida por

$$(f * g)(t) = \int_0^t f(x)\, g(t-x)\, dx.$$

Observe que $f * g = g * f$.

Exemplo 5.20 Se $f(t) = \mathrm{e}^t$ e $g(t) = \operatorname{sen}(t)$, então

$$\begin{aligned} (f * g)(t) &= \int_0^t f(x)\, g(t-x)\, dx = \int_0^t \mathrm{e}^x \operatorname{sen}(t-x)\, dx \\ &= \frac{1}{2}\Big(\mathrm{e}^t - \operatorname{sen}(t) - \cos(t)\Big). \end{aligned}$$

Teorema 5.21 *Sejam $f, g : [0, \infty) \rightarrow \mathbb{R}$ funções contínuas por partes, de ordem exponencial. Então*

$$\mathcal{L}\{f * g\}(s) = \mathcal{L}\{f\}(s)\, \mathcal{L}\{g\}(s).$$

Demonstração Pela definição temos que

$$\begin{aligned} \mathcal{L}\{f * g\}(s) &= \int_0^\infty \mathrm{e}^{-st} (f * g)(t)\, dt \\ &= \int_0^\infty \mathrm{e}^{-st} \Big(\int_0^t f(\xi)\, g(t-\xi)\, d\xi \Big)\, dt \\ &= \int_0^\infty \Big[\int_0^t \mathrm{e}^{-st} f(\xi)\, g(t-\xi)\, d\xi \Big]\, dt. \end{aligned}$$

Invertendo a ordem de integração (veja no Capítulo 4) e fazendo a mudança de variável $u = t - \xi$, obtemos

$$\begin{aligned}
\mathcal{L}\{f * g\}(s) &= \int_0^\infty \left[\int_\xi^\infty \mathrm{e}^{-st} f(\xi)\, g(t-\xi)\, dt\right] d\xi \\
&= \int_0^\infty f(\xi)\left[\int_0^\infty \mathrm{e}^{-st} g(t-\xi)\, dt\right] d\xi \\
&= \int_0^\infty \mathrm{e}^{-s\xi} f(\xi)\left[\int_0^\infty \mathrm{e}^{-su} g(u)\, du\right] d\xi \\
&= \int_0^\infty \mathrm{e}^{-s\xi} f(\xi)\, \mathcal{L}\{g\}(s)\, d\xi \\
&= \mathcal{L}\{g\}(s) \int_0^\infty \mathrm{e}^{-s\xi} f(\xi)\, d\xi \\
&= \mathcal{L}\{f\}(s)\, \mathcal{L}\{g\}(s).
\end{aligned}$$

□

Definição 5.22 Uma função $f : \mathbb{R} \rightarrow \mathbb{R}$ é periódica de período $T > 0$ se $f(x+T) = f(x)$ para todo x.

O menor período positivo é chamado período fundamental, ou simplesmente, período da função.

Exemplo 5.23 A função $f(x) = \cos(x)$ é periódica de período 2π (observe que $2k\pi$, com $k = 1, 2, 3, ...$ também são períodos desta função.

Teorema 5.24 *Seja $f : [0, \infty) \rightarrow \mathbb{R}$ uma função contínua por partes, de ordem exponencial e periódica de período T. Então,*

$$\mathcal{L}\{f\}(s) = \frac{1}{1 - \mathrm{e}^{-sT}} \int_0^T \mathrm{e}^{-st} f(t)\, dt.$$

Demonstração Podemos escrever

$$\begin{aligned}
\mathcal{L}\{f\}(s) &= \int_0^\infty \mathrm{e}^{-st}\, dt \\
&= \int_0^T \mathrm{e}^{-st} f(t)\, dt + \int_T^\infty \mathrm{e}^{-st} f(t)\, dt.
\end{aligned}$$

Fazendo a mudança de variável $t = u + T$ na última integral e usando que $f(u+T)=f(u)$ (pois f é periódica de período T), obtemos

$$\begin{aligned}\int_T^\infty \mathrm{e}^{-st}f(t)\,dt &= \int_0^\infty \mathrm{e}^{-s(u+T)}f(u+T)\,du\\ &= \mathrm{e}^{-sT}\int_0^\infty \mathrm{e}^{-su}f(u)\,du\\ &= \mathrm{e}^{-sT}\mathcal{L}\{f\}(s).\end{aligned}$$

Portanto, obtemos

$$\mathcal{L}\{f\}(s)=\int_0^T \mathrm{e}^{-st}f(t)\,dt+\mathrm{e}^{-sT}\mathcal{L}\{f\}(s),$$

e então

$$\mathcal{L}\{f\}(s)=\frac{1}{1-\mathrm{e}^{-sT}}\int_0^T \mathrm{e}^{-st}f(t)\,dt.$$

□

Exemplo 5.25 Defina a função $f:\mathbb{R}\to\mathbb{R}$ por

$$f(t)=\begin{cases} t, \text{ se } 0\leq t<1,\\ 0, \text{ se } 1\leq t<2,\end{cases}$$

e fora do intevalo $[0,2)$ defina $f(t+2)=f(t)$ (ou seja, f é periódica de período $T=2$). Logo,

$$\begin{aligned}\mathcal{L}\{f\}(s) &= \frac{1}{1-\mathrm{e}^{-2s}}\int_0^2 \mathrm{e}^{-st}f(t)\,dt\\ &= \frac{1}{1-\mathrm{e}^{-2s}}\left[\int_0^1 \mathrm{e}^{-st}f(t)\,dt=\int_1^2 \mathrm{e}^{-st}f(t)\,dt\right]\\ &= \frac{1}{1-\mathrm{e}^{-2s}}\int_0^1 t\mathrm{e}^{-st}\,dt\\ &= \frac{1-(s+1)\mathrm{e}^{-s}}{s^2(1-\mathrm{e}^{-2s})}.\end{aligned}$$

Teorema 5.26 Seja $F(s)=\mathcal{L}\Big\{f(t)\Big\}(s)$. Então

$$\mathcal{L}\left\{\frac{f(t)}{t}\right\}(s)=\int_s^\infty F(y)\,dy.$$

Demonstração Basta inverter a ordem para calcular a integral

$$\int_s^\infty F(y)\,dy = \int_s^\infty \left[\int_0^\infty e^{-yt} f(t)\,dt\right] dy.$$

□

Exemplo 5.27 Seja $f(t) = \dfrac{\operatorname{sen}(a\,t)}{t}$. Pelo Teorema 5.26 temos

$$\begin{aligned}
\mathcal{L}\Big\{f(t)\Big\}(s) &= \mathcal{L}\left\{\frac{\operatorname{sen}(a\,t)}{t}\right\}(s) \\
&= \int_s^\infty \mathcal{L}\Big\{\operatorname{sen}(a\,t)\Big\}(y)\,dy \\
&= \int_s^\infty \frac{a}{y^2+a^2}\,dy \\
&= -\frac{\pi}{2} + \operatorname{arc\,tg}(s/a).
\end{aligned}$$

EXERCÍCIOS

(1) Verifique as transformadas de Laplace do Exemplo 5.10.
(2) Use o Exercício 1 para calcular as transformadas de Laplace de cada função.

(*a*) $f(t) = 2t^4$
(*b*) $f(t) = t^2 + 6t - 3$
(*c*) $f(t) = 1 + e^{4t}$
(*d*) $f(t) = (1 + e^{2t})^2$
(*e*) $f(t) = \operatorname{sen}(2t)\cos(2t)$
(*f*) $f(t) = \operatorname{sen}(t)\cos(2t)$
(*g*) $f(t) = t^\alpha$ (com $\alpha > -1$)

(3) Calcule a transformada de Laplace de cada função (use os Teoremas 5.15, 5.17 e 5.18).

(a) $f(t) = t\,\mathrm{e}^{10t}$
(b) $f(t) = \mathrm{e}^{t}\mathrm{sen}(3t)$
(c) $f(t) = t(\mathrm{e}^{t} + \mathrm{e}^{2t})^2$
(d) $f(t) = \mathrm{e}^{-t}\mathrm{sen}^2(t)$
(e) $f(t) = (t-1)u_1(t)$
(f) $f(t) = (t-1)^3\mathrm{e}^{t-1}u_1(t)$
(g) $f(t) = t\mathrm{e}^{2t}\mathrm{sen}(6t)$
(h) $f : [0,\infty)\to\mathbb{R},\ f(t) = \begin{cases} 2, & \text{se } 0\leq t < 3, \\ -2, & \text{se } t\geq 3 \end{cases}$

(4) Determine a transformada de Laplace (usando o Teorema 5.12, a Observação 5.13, Teorema 5.21, Teorema 5.24 e o Teorema 5.26).

(a) $f(t) = \displaystyle\int_0^t \mathrm{e}^{-x}\cos(x)\,dx$
(b) $f(t) = t\displaystyle\int_0^t \cos(x)\,dx$
(c) $f(t) = t^2 * t^4$
(d) $f(t) = \mathrm{e}^{-t} * \mathrm{e}^{t}\cos(t)$
(e) $f : [0,\infty)\to\mathbb{R},\ f(t) = t$ se $0\leq t < 1$, e $f(t+1) = f(t)$
(f) $f(t0 = \dfrac{2(1-\cos(a\,t))}{t}$

(5) Verifique que $\displaystyle\int_0^\infty \frac{\mathrm{sen}(x)}{x}\,dx = \frac{\pi}{2}$. (Sugestão: mostre que a fórmula do Teorema 5.26 pode ser aplicada com $s = 0$).

(6) Vamos calcular a transformada de Laplace da função logarítmo, ou seja, $\mathcal{L}\{\ln(t)\}(s)$.

(a) Use integração por partes para verificar que

$$\mathcal{L}\{\ln(t)\}(s) = s\,\mathcal{L}\{t\ln(t)\}(s) - \frac{1}{s}.$$

(b) Se $\mathcal{L}\{\ln(t)\}(s) = Y(s)$, use o Teorema 5.18 (com $n = 1$) para mostrar que a parte (a) se torna

$$s\,Y'(s) + Y(s) = -\frac{1}{s}.$$

Encontre a solução explícita desta última equação.

(c) Usando a constante de Euler - Mascheroni

$$\gamma = -\int_0^\infty \mathrm{e}^{-t}\ln(t)\,dt = 0,5772156649...$$

e que $Y(1) = \gamma$ na parte (b) para mostrar que

$$\mathcal{L}\{\ln(t)\}(s) = -\frac{\gamma}{s} - \frac{\ln(s)}{s}, \quad s > 0.$$

RESPOSTAS

(2)(a) $\dfrac{48}{s^5}$; (b) $\dfrac{2}{s^3} + \dfrac{6}{s^2} - \dfrac{3}{s}$; (c) $\dfrac{1}{s} + \dfrac{1}{s-4}$; (d) $\dfrac{1}{s} + \dfrac{2}{s-2} + \dfrac{1}{s-4}$;

(e) $\dfrac{2}{s^2+16}$;

(f) $\dfrac{3}{s^2+9} - \dfrac{1}{s^2+1}$; (g) $\dfrac{\Gamma(\alpha+1)}{s^{\alpha+1}}$.

(3) (a) $\dfrac{1}{(s-10)^2}$; (b) $\dfrac{3}{(s-1)^2+9}$; (c) $\dfrac{1}{(s-2)^2} + \dfrac{2}{(s-3)^2} + \dfrac{1}{(s-4)^2}$;

(d) $\dfrac{1}{2}\left(\dfrac{1}{s+1} - \dfrac{s+1}{(s+1)^2+4}\right)$; (e) $\dfrac{\mathrm{e}^{-s}}{s^2}$; (f) $\dfrac{6\mathrm{e}^{-s}}{(s-1)^4}$; (g) $\dfrac{12s-24}{[(s-2)^2+36]^2}$;

(h) $\dfrac{2}{s} - \dfrac{4}{s}\mathrm{e}^{-3s}$

(4) (a) $\dfrac{1}{s(s-1)}$; (b) $\dfrac{3s^2+1}{s^2(s^2+1)^2}$; (c) $\dfrac{48}{s^8}$; (d) $\dfrac{s-1}{(s+1)[(s-1)^2+1]}$;

(e) $\dfrac{1}{s}\left(\dfrac{1}{s} - \dfrac{1}{\mathrm{e}^s-1}\right)$; (f) $-\ln\left(\dfrac{s^2}{s^2+a^2}\right)$.

5.2.1 A Transformada Inversa de Laplace

A utilidade da transformada de Laplace, para a resolução de problemas, baseia-se no fato que muitas vezes é mais facil determinar a transformada da solução do problema do que determinar a solução do problema original. Se $F(s) = \mathcal{L}\{f(t)\}$ representa a transformada de Laplace de uma função $f(t)$, dizemos que $f(t)$ é a transformada inversa de Laplace de $F(s)$, ou seja, $f(t) = \mathcal{L}^{-1}\{F(s)\}(t)$.

Exemplo 5.28 Usando o Exemplo 5.10, obtemos

$$
\begin{aligned}
&(a)\ \mathcal{L}^{-1}\Big\{\frac{1}{s}\Big\}(t) = 1,\\
&(b)\ \mathcal{L}^{-1}\Big\{\frac{1}{s-a}\Big\}(t) = e^{a\,t},\\
&(c)\ \mathcal{L}^{-1}\Big\{\frac{n!}{s^{n+1}}\Big\}(t) = t^n, n = 1, 2, 3, 4....,\\
&(d)\ \mathcal{L}^{-1}\Big\{\frac{s}{s^2+k^2}\Big\}(t) = \cos(k\,t),\\
&(e)\ \mathcal{L}^{-1}\Big\{\frac{k}{s^2+k^2}\Big\}(t) = \mathrm{sen}(k\,t),\\
&(f)\ \mathcal{L}^{-1}\Big\{\frac{k}{s^2-k^2}\Big\}(t) = \mathrm{senh}(k\,t),\\
&(g)\ \mathcal{L}^{-1}\Big\{\frac{s}{s^2-k^2}\Big\}(t) = \cosh(k\,t).
\end{aligned}
$$

A transformada inversa de Laplace é também uma transformação linear, isto é, se α e $\beta \in \mathbb{R}$ então

$$\mathcal{L}^{-1}\{\alpha\, F(s) + \beta\, G(s)\}(t) = \alpha\, \mathcal{L}^{-1}\{F(s)\}(t) + \beta\, \mathcal{L}^{-1}\{G(s)\}(t).$$

Temos também que transformada inversa de Laplace de uma função $F(s)$ pode não ser única, ou seja, é possível que

$$\mathcal{L}\{f_1(t)\}(s) = \mathcal{L}\{f_2(t)\}(s)$$

embora $f_1 \neq f_2$ (veja Exemplo H1 do Apêndice). Mas para os nossos própositos, isso não é preocupante. Se f_1 e f_2 forem contínuas por partes em $[0, \infty)$ e de ordem exponencial, então f_1 e f_2 serão essencialmente iguais (ou seja, $f_1(t) = f_2(t)$ exceto possivelmente nos pontos de descontinuidade). Contudo, se f_1 e f_2 forem contínuas em $[0,\infty)$ e $\mathcal{L}\{f_1(t)\}(s) = \mathcal{L}\{f_2(t)\}(s)$ então $f_1 = f_2$ em $[0,\infty)$ (veja o Teorema H2 do Apêndice).

Para o cálculo da inversa da transformada de Laplace, $\mathcal{L}^{-1}$, existe uma fórmula, chamada Fórmula Complexa de Inversão, que fornece a função $f(t) = \mathcal{L}^{-1}\{F(s)\}(t)$ através de uma integral complexa da transformada $F(s) = \mathcal{L}\{f(t)\}(s)$. Entretanto, na prática o cálculo dessa integral é evitado, pois para os casos mais comuns existem métodos mais simples (veja os próximos exemplos).

Exemplo 5.29 Vamos determinar $\mathcal{L}^{-1}\Big\{\dfrac{-2s+6}{s^2+4}\Big\}(t)$.

Podemos escrever $\dfrac{-2s+6}{s^2+4} = \dfrac{-2s}{s^2+4} + \dfrac{6}{s^2+4}$. Logo,

$$\begin{aligned}\mathcal{L}^{-1}\Big\{\frac{-2s+6}{s^2+4}\Big\}(t) &= -2\,\mathcal{L}^{-1}\Big\{\frac{s}{s^2+4}\Big\}(t) + 3\,\mathcal{L}^{-1}\Big\{\frac{2}{s^2+4}\Big\}(t)\\ &= -2\cos(2t) + 3\,\mathrm{sen}(2t).\end{aligned}$$

Exemplo 5.30 Vamos calcular $\mathcal{L}^{-1}\Big\{\dfrac{s^2+6s+9}{(s-1)(s-2)(s+4)}\Big\}(t)$. Usando o método das frações parciais (veja no Apêndice G), existem constantes A, B, C tais que

$$\frac{s^2+6s+9}{(s-1)(s-2)(s+4)} = \frac{A}{s-1} + \frac{B}{s-2} + \frac{C}{s+4}.$$

Resolvendo a igualdade, obtemos $A = -16/5$, $B = 25/6$ e $C = 1/30$. Logo,

$$\frac{s^2+6s+9}{(s-1)(s-2)(s+4)} = \frac{-16/5}{s-1} + \frac{25/6}{s-2} + \frac{1/30}{s+4},$$

e, portanto,

$$\begin{aligned}&\mathcal{L}^{-1}\Big\{\frac{s^2+6s+9}{(s-1)(s-2)(s+4)}\Big\}(t)\\ &= -\frac{16}{5}\mathcal{L}^{-1}\Big\{\frac{1}{s-1}\Big\}(t) + \frac{25}{6}\,\mathcal{L}^{-1}\Big\{\frac{1}{s-2}\Big\}(t) + \frac{1}{30}\,\mathcal{L}^{-1}\Big\{\frac{1}{s+4}\Big\}(t)\\ &= -\frac{16}{5}\,\mathrm{e}^{t} + \frac{25}{6}\,\mathrm{e}^{-2t} + \frac{1}{30}\,\mathrm{e}^{-4t}.\end{aligned}$$

Exemplo 5.31 Vamos calcular agora $\mathcal{L}^{-1}\left\{\dfrac{s^3+s^2-11s+32}{(s-2)^2(2s^2+3)}\right\}(t)$.
Usando o método das frações parciais, existem constantes A, B, C e $D \in \mathbb{R}$ tal que

$$\frac{s^3+s^2-11s+32}{(s-2)^2(2s^2+3)} = \frac{A}{s-2} + \frac{B}{(s-2)^2} + \frac{Cs+D}{2s^2+3}.$$

Resolvendo a igualdade, obtemos $A = -1$, $B = 2$, $C = 3$ e $D = 5$. Logo,

$$\begin{aligned}
&\mathcal{L}^{-1}\left\{\frac{s^3+s^2-11s+32}{(s-2)^2(2s^2+3)}\right\}(t)\\
&= -\mathcal{L}^{-1}\left\{\frac{1}{s-2}\right\}(t) + 2\,\mathcal{L}^{-1}\left\{\frac{1}{(s-2)^2}\right\}(t) + \mathcal{L}^{-1}\left\{\frac{3s+5}{2s^2+3}\right\}(t)\\
&= -\,\mathrm{e}^{2t} + 2t\mathrm{e}^{2t} + \frac{3}{2}\mathcal{L}^{-1}\left\{\frac{s}{s^2+\frac{3}{2}}\right\}(t) + \frac{5}{2}\mathcal{L}^{-1}\left\{\frac{1}{s^2+\frac{3}{2}}\right\}(t)\\
&= -\,\mathrm{e}^{2t} + 2t\,\mathrm{e}^{2t} + \frac{3}{2}\cos\left(\sqrt{\frac{3}{2}}\,t\right) + \frac{5\sqrt{6}}{6}\,\mathrm{sen}\left(\sqrt{\frac{3}{2}}\,t\right).
\end{aligned}$$

Agora, usando que se $F(s) = \mathcal{L}\Big\{f(t)\Big\}(s)$ então $f(t) = \mathcal{L}^{-1}\Big\{F(s)\Big\}(t)$, as propriedades operacionais da transformada inversa de Laplace são as seguintes:

(1) $\mathcal{L}^{-1}\Big\{F(s-a)\Big\}(t) = \mathrm{e}^{at}f(t)$, pelo Teorema 5.15;

(2) $\mathcal{L}^{-1}\Big\{\mathrm{e}^{-as}F(s)\Big\}(t) = f(t-a)u(t-a)$, pelo Teorema 5.17, onde

$$u(t-a) = \begin{cases} 0, & \text{se } 0 \leq t < a \\ 1, & \text{se } t \geq a \end{cases}$$

é a função degrau unitário;

(3) $\mathcal{L}^{-1}\left\{(-1)^n \dfrac{d^n}{ds^n}F(s)\right\}(t) = t^n f(t)$, pelo Teorema 5.18;

(4) Se $F(s) = \mathcal{L}^{-1}\Big\{f(t)\Big\}(t)$ e $G(s) = \mathcal{L}^{-1}\Big\{g(t)\Big\}(t)$, então pelo Teorema 5.21

$$\mathcal{L}^{-1}\Big\{F(s)\,G(s)\Big\}(t) = (f * g)(t).$$

Exemplo 5.32 Vamos determinar a transformada inversa de Laplace

$$\mathcal{L}^{-1}\Big\{\frac{1}{(s^2+a^2)^2}\Big\}(t).$$

Temos,

$$\begin{aligned}
\mathcal{L}^{-1}\Big\{\frac{1}{(s^2+a^2)^2}\Big\}(t) &= \mathcal{L}^{-1}\Big\{\frac{1}{s^2+a^2}\,\frac{1}{s^2+a^2}\Big\}(t)\\
&= \mathcal{L}^{-1}\Big\{\frac{1}{s^2+a^2}\Big\}(t) \,*\, \mathcal{L}^{-1}\Big\{\frac{1}{s^2+a^2}\Big\}(t)\\
&= \int_0^t \Big(\frac{1}{a}\,\mathrm{sen}(ax)\Big)\Big(\frac{1}{a}\,\mathrm{sen}(a(t-x)\Big)\,dx\\
&= \frac{1}{a^3}\big(\mathrm{sen}(a\,t) - a\,t\cos(a\,t)\big).
\end{aligned}$$

Exemplo 5.33 Vamos usar a transformada de Laplace e a sua inversa para resolver o problema

$$\begin{aligned}
&y''(t) + 4\,y'(t) + 6\,y(t) = 1 + \mathrm{e}^{-t},\\
&y(0) = 0,\ y'(0) = 0.
\end{aligned}$$

Seja $Y(s) = \mathcal{L}\big\{y(t)\big\}(t)$. Usando que a transformação de Laplace é linear, o Teorema 5.12 e a Observação 5.13, obtemos

$$\begin{aligned}
&\mathcal{L}\Big\{y''(t)\Big\}(s) + 4\,\mathcal{L}\Big\{y'(t)\Big\}(s) + 6\,\mathcal{L}\Big\{y(t)\Big\}(s) = \mathcal{L}\Big\{1+\mathrm{e}^{-t}\Big\}\\
&s^2\,Y(s) - s\,y(0) - y'(0) + 4[s\,Y(s) - y(0)] + 6\,Y(s) = \frac{1}{s} + \frac{1}{s+1}\\
&(s^2+4s+6)\,Y(s) = \frac{2s+1}{s(s+1)},
\end{aligned}$$

e portanto, usando o método das frações parciais, obtemos

$$\begin{aligned}
Y(s) &= \frac{2s+1}{s(s+1)(s^2+4s+6)}\\
&= \frac{1}{6} + \frac{1}{s} + \frac{1}{3}\,\frac{1}{s+1} - \frac{s/2+5/3}{s^2+4s+6}.
\end{aligned}$$

Logo,

$$\begin{aligned}
y(t) &= \mathcal{L}^{-1}\Big\{Y(s)\Big\}(t) \\
&= \frac{1}{6}\mathcal{L}^{-1}\Big\{\frac{1}{s}\Big\}(t) + \frac{1}{3}\mathcal{L}^{-1}\Big\{\frac{1}{s+1}\Big\}(t) - \frac{1}{2}\mathcal{L}^{-1}\Big\{\frac{s+2}{(s+2)^2+2}\Big\}(t) \\
&\quad -\frac{2}{3\sqrt{2}}\mathcal{L}^{-1}\Big\{\frac{\sqrt{2}}{(s+2)^2+2}\Big\}(t) \\
&= \frac{1}{6} + \frac{1}{3}\,\mathrm{e}^{-t} - \frac{1}{2}\,\mathrm{e}^{-2t}\cos(\sqrt{2}\,t) - \frac{\sqrt{2}}{3}\,\mathrm{e}^{-2t}\,\mathrm{sen}(\sqrt{2}\,t).
\end{aligned}$$

Exemplo 5.34 Considere o problema

$$\begin{aligned}
&y'(t) + y(t) = f(t), \\
&y(0) = 5,
\end{aligned}$$

onde $f(t) = \begin{cases} 0, & \text{se } 0 \leq t < \pi, \\ 3\cos(t), & \text{se } t \geq \pi, \end{cases} \quad = 3\,u(t-\pi)\cos(t).$

Se $Y(s) = \mathcal{L}\Big\{y(t)\Big\}(s)$, então

$$\begin{aligned}
&\mathcal{L}\Big\{y'(t)\Big\}(s) + \mathcal{L}\Big\{y(t)\Big\}(s) = \mathcal{L}\Big\{f(t)\Big\}(s) \\
&s\,Y(s) - y(0)) + Y(s) = 3\,\mathcal{L}\Big\{u(t-\pi)\cos(t)\Big\}(s) \\
&(s+1)\,Y(s) - 5 = -3\,\frac{s}{s^2+1}\,\mathrm{e}^{-\pi s} \\
&Y(s) = \frac{1}{s+1}\left(5 - \frac{3s}{s^2+1}\,\mathrm{e}^{-\pi s}\right),
\end{aligned}$$

que pode ser escrita na forma

$$Y(s) = \frac{5}{s+1} - \frac{3}{2}\left(- \frac{1}{s+1}\,\mathrm{e}^{-\pi s} + \frac{1}{s^2+1}\,\mathrm{e}^{-\pi s} + \frac{s}{s^2+1}\,\mathrm{e}^{-\pi s}\right).$$

Portanto,

$$
\begin{aligned}
y(t) &= \mathcal{L}^{-1}\Big\{Y(s)\Big\}(t) \\
&= 5\,\mathcal{L}^{-1}\Big\{\frac{1}{s+1}\Big\}(t) + \frac{3}{2}\,\mathcal{L}^{-1}\Big\{\frac{1}{s+1}\,\mathrm{e}^{-\pi s}\Big\}(t) \\
&- \frac{3}{2}\,\mathcal{L}^{-1}\Big\{\frac{1}{s^2+1}\,\mathrm{e}^{-\pi s}\Big\}(t) - \frac{3}{2}\,\mathcal{L}^{-1}\Big\{\frac{s}{s^2+1}\,\mathrm{e}^{-\pi s}\Big\}(t) \\
&= 5\,\mathrm{e}^{-t} + \frac{3}{2}\,\mathrm{e}^{-(t-\pi)}\,u(t-\pi) - \frac{3}{2}\,u(t-\pi)\,\mathrm{sen}(t-\pi) \\
&- \frac{3}{2}\,u(t-\pi)\cos(t-\pi) \\
&= 5\,\mathrm{e}^{-t} + \frac{3}{2}\left(\mathrm{e}^{-(t-\pi)} + \mathrm{sen}(t) + \cos(t)\right)u(t-\pi) \\
&= \begin{cases} 5\,\mathrm{e}^{-t}, & \text{se } 0 \le t \le \pi, \\ 5\,\mathrm{e}^{-t} + \dfrac{3}{2}\,\mathrm{e}^{-(t-\pi)} + \dfrac{3}{2}\,\mathrm{sen}(t) + \dfrac{3}{2}\cos(t), & \text{se } t \ge \pi. \end{cases}
\end{aligned}
$$

EXERCÍCIOS

(1) Determine a transformada de Laplace inversa.

$$(a)\ \mathcal{L}^{-1}\Big\{\frac{1}{s^2} - \frac{48}{s^5}\Big\}(t)$$

$$(b)\ \mathcal{L}^{-1}\Big\{\frac{(s+1)^3}{s^4}\Big\}(t)$$

$$(c)\ \mathcal{L}^{-1}\Big\{\frac{1}{4s+1}\Big\}(t)$$

$$(d)\ \mathcal{L}^{-1}\Big\{\frac{2s-6}{s^2+9}\Big\}(t)$$

$$(e)\ \mathcal{L}^{-1}\Big\{\frac{s}{s^2+2s-3}\Big\}(t)$$

$$(f)\ \mathcal{L}^{-1}\Big\{\frac{2s-4}{(s^2+s)\,(s^2+1)}\Big\}(t)$$

(2) Use a transformada de Laplace e a sua inversa para determinar a solução de cada problema.
(a) $y''(t) + 2\,y'(t) + y(t) = 0$, com $y(0) = 1$ e $y'(0) = 1$.

(b) $y''(t) - y'(t) = \mathrm{e}^t \cos(t)$, com $y(0) = 0$ e $y'(0) = 0$.

(c) $y'(t) + y(t) = f(t)$, com $y(0) = 0$, sendo $f(t) = \begin{cases} 0, & \text{se } 0 \le t \le 1 \\ 5, & \text{se } t > 1 \end{cases}$

(d) $y''(t) + 4\,y(t) = u(t - 2\pi)\,\mathrm{sen}(t)$, com $y(0) = 1$ e $y'(0) = 0$.

RESPOSTAS

(1) (a) $t - 2\,t^4$, (b) $1 + 3t + \dfrac{3}{2}\,t^2 + \dfrac{1}{6}\,t^3$, (c) $\dfrac{1}{4}\,\mathrm{e}^{-t/4}$,

(d) $2\cos(3t) - 2\,\mathrm{sen}(3t)$ (e) $\dfrac{3}{4}\,\mathrm{e}^{-3t} + \dfrac{1}{4}\,\mathrm{e}^t$,

(f) $-4 + 3\,\mathrm{e}^{-t} + \cos(t) + 3\,\mathrm{sen}(t)$.

(2)
(a) $y(t) = \mathrm{e}^{-t} + 2\,t\,\mathrm{e}^{-t}$
(b) $y(t) = \dfrac{1}{2} - \dfrac{1}{2}\,\mathrm{e}^t\cos(t) + \dfrac{1}{2}\,\mathrm{e}^t\,\mathrm{sen}(t)$
(c) $y(t) = (5 - 5\,\mathrm{e}^{-(t-1)}\,)\,u(t - 1)$
(d) $y(t) = \cos(2t) - \dfrac{1}{6}\,u(t - 2\pi)\,\mathrm{sen}(2(t - 2\pi)) + \dfrac{1}{3}\,u(t - 2\pi)\,\mathrm{sen}(t - 2\pi)$.

5.3 A Transformada de Fourier

A transformada de Fourier é uma ferramenta matemática muito utilizada para tratar problemas de equações diferenciais parciais (como vibrações de cordas infinitas, problemas de condução do calor e o problema de Dirichlet para a equação de Laplace em um semiplano).

Definição 5.35 (a) O conjunto das funções $f : \mathbb{R} \to \mathbb{R}$ tais que as integrais impróprias $\int_{-\infty}^{\infty} f(x)\,dx$ e $\int_{-\infty}^{\infty} |f(x)|\,dx$ sejam convergentes é chamado espaço $\mathcal{L}^1(\mathbb{R})$.
(b) Uma função $f : \mathbb{R} \to \mathbb{C}$, $f(x) = g(x) + \mathrm{i}\,h(x)$, é uma função $\mathcal{L}^1(\mathbb{R})$ se as funções $g, h, |f| : \mathbb{R} \to \mathbb{R}$ pertencem a $\mathcal{L}^1(\mathbb{R})$ (sendo $\mathrm{i}^2 = -1$).

Exemplo 5.36 A função $f : \mathbb{R} \to \mathbb{R}$ dada por

$$f(x) = \begin{cases} \dfrac{\operatorname{sen}(x)}{x} & , \text{ se } x \neq 0 \\ 1 & , \text{ se } x = 0 \end{cases}$$

não pertence a $\mathcal{L}^1(\mathbb{R})$, pois $\int_{-\infty}^{\infty} f(x)\,dx$ é convergente e $\int_{-\infty}^{\infty} |f(x)|\,dx$ é divergente (veja o Exemplo 1.40)

Definição 5.37 Se $f : \mathbb{R} \to \mathbb{C}$ é uma função $\mathcal{L}^1(\mathbb{R})$, a sua transformada de Fourier[3] $\mathcal{F} : \mathbb{R} \to \mathbb{C}$ é definida por

$$\mathcal{F}[f](\xi) = \frac{1}{\sqrt{2\pi}} \int_{-\infty}^{\infty} \mathrm{e}^{-\mathrm{i}x\xi} f(x)\,dx.$$

Observação Veja a definição da função exponencial complexa no Apêndice E. Observe também que toda função $f : \mathbb{R} \to \mathbb{C}$ pode ser escrita na forma $f(x) = u(x) + \mathrm{i}\,v(x)$, onde $u, v : \mathbb{R} \to \mathbb{R}$ são as partes real e imaginária respectivamente. Logo, se $\int_{-\infty}^{\infty} u(x)\,dx$ e $\int_{-\infty}^{\infty} v(x)\,dx$ são convergentes, escrevemos $\int_{-\infty}^{\infty} f(x)\,dx = \int_{-\infty}^{\infty} u(x)\,dx + \mathrm{i}\int_{-\infty}^{\infty} v(x)\,dx$. Portanto, na definição da transformada de Fourier, temos

$$\int_{-\infty}^{\infty} \mathrm{e}^{-\mathrm{i}\xi x} f(x)\,dx = \int_{-\infty}^{\infty} \cos(\xi x)\, f(x)\,dx - \mathrm{i}\int_{-\infty}^{\infty} \operatorname{sen}(\xi x)\, f(x)\,dx,$$

[3] Jean-Baptiste Joseph Fourier (1768 - 1830)

pois $e^{-i\xi x} = \cos(\xi x) - i\,\text{sen}(\xi x)$. Agora, dizemos que uma função $f : \mathbb{R} \to \mathbb{C}$ $(f(x) = u(x) + i\,v(x))$ é uma função $\mathcal{L}^1(\mathbb{R})$ se suas partes real e imaginária (u e v) e $|f|$ são funções em $\mathcal{L}^1(\mathbb{R})$.

Exemplo 5.38 Considere a função

$$f(x) = \begin{cases} 1 & , \text{ se } x \in [-1,1], \\ 0 & , \text{ se } x \notin [-1,1]. \end{cases}$$

Temos que $f \in \mathcal{L}^1(\mathbb{R})$. Vamos calcular a sua transformada de Fourier $\mathcal{F}[f]$.

Usando que $\text{sen}(x) = \dfrac{e^{ix} - e^{-ix}}{2i}$, obtemos

(a) Para $\xi \neq 0$,

$$\begin{aligned} \mathcal{F}[f](\xi) &= \frac{1}{\sqrt{2\pi}} \int_{-\infty}^{\infty} e^{-i\xi x} f(x)\, dx \\ &= \frac{1}{\sqrt{2\pi}} \int_{-1}^{1} e^{-i\xi x}\, dx \\ & \frac{1}{\sqrt{2\pi}} \left(\frac{e^{-i\xi x}}{-i\xi} \bigg|_{-1}^{1} \right) \\ &= \frac{2}{\sqrt{2\pi}} \frac{\text{sen}(\xi)}{\xi}. \end{aligned}$$

(b) Para $\xi = 0$, temos

$$\begin{aligned} \mathcal{F}[f](0) &= \frac{1}{\sqrt{2\pi}} \int_{-\infty}^{\infty} e^{-i0} f(x)\, dx \\ &= \frac{1}{\sqrt{2\pi}} \int_{-1}^{1} 1\, dx \\ &= \frac{2}{\sqrt{2\pi}}. \end{aligned}$$

Observe que neste caso $\mathcal{F}[f] \notin \mathcal{L}^1(\mathbb{R})$ (veja o Exemplo 1.40).

Exemplo 5.39 Vamos calcular a transformada de Fourier da função

$f(x) = \mathrm{e}^{-|x|}$. Temos,

$$\begin{aligned}
\mathcal{F}[f](\xi) &= \frac{1}{\sqrt{2\pi}} \int_{-\infty}^{\infty} f(x)\mathrm{e}^{-\mathrm{i}\xi x}\, dx \\
&= \frac{1}{\sqrt{2\pi}} \int_{-\infty}^{\infty} \mathrm{e}^{-|x|}\mathrm{e}^{-\mathrm{i}\xi x}\, dx \\
&= \frac{1}{\sqrt{2\pi}} \left(\int_{-\infty}^{0} \mathrm{e}^{x}\mathrm{e}^{-\mathrm{i}\xi x}\, dx + \int_{0}^{\infty} \mathrm{e}^{-x}\mathrm{e}^{-\mathrm{i}\xi x}\, dx \right) \\
&= \frac{1}{\sqrt{2\pi}} \left(\int_{-\infty}^{0} \mathrm{e}^{(1-\mathrm{i}\xi)x}\, dx + \int_{0}^{\infty} \mathrm{e}^{-(1+\mathrm{i}\xi)x}\, dx \right) \\
&= \frac{1}{\sqrt{2\pi}} \left(\frac{1}{1-\mathrm{i}\xi} + \frac{1}{1+\mathrm{i}\xi} \right) \\
&= \frac{1}{\sqrt{2\pi}} \frac{2}{1+\xi^2} \\
&= \sqrt{\frac{2}{\pi}}\, \frac{1}{1+\xi^2}.
\end{aligned}$$

Exemplo 5.40 Vamos agora calcular a transformada de Fourier da função $f(x) = \mathrm{e}^{-x^2/2}$. Vamos primeiro verificar que

$$(i) \int_{-\infty}^{\infty} \mathrm{e}^{-x^2}\, dx = \sqrt{\pi};$$

$$(ii) \int_{-\infty}^{\infty} \mathrm{e}^{-x^2}\, \mathrm{e}^{\mathrm{i}\,\xi\, x}\, dx = \sqrt{\pi}\, \mathrm{e}^{-\xi^2/4}.$$

(i) Usando que $\displaystyle\int_{0}^{\infty} \mathrm{e}^{-x^2}\, dx = \frac{\sqrt{\pi}}{2}$ (Exemplo 4.4), temos

$$\int_{-\infty}^{\infty} \mathrm{e}^{-x^2}\, dx = 2 \int_{0}^{\infty} \mathrm{e}^{-x^2}\, dx = \sqrt{\pi},$$

pois a função $f(x) = \mathrm{e}^{-x^2}$ é par $(f(-x) = f(x))$.

(ii) Definindo a função $\varphi(\xi) = \displaystyle\int_{-\infty}^{\infty} \mathrm{e}^{-x^2}\, \mathrm{e}^{\mathrm{i}\,\xi\, x}\, dx.$

Como a função $F(x, \xi) = \mathrm{e}^{-x^2}\, \mathrm{e}^{\mathrm{i}\,\xi\, x}$ é de classe C^∞ em $\mathbb{R}^2$, a sua derivada parcial na variável ξ é $\dfrac{\partial F}{\partial \xi}(x, \xi) = \mathrm{i}\, x\, \mathrm{e}^{-x^2}\, \mathrm{e}^{\mathrm{i}\,\xi\, x}$, com $|F(x, \xi)| \le \mathrm{e}^{-x^2}$, e também $\left|\dfrac{\partial F}{\partial \xi}(x,\xi)\right| \leq |x|\,\mathrm{e}^{-x^2}$, e as integrais $\displaystyle\int_{-\infty}^{\infty} \mathrm{e}^{-x^2}\,dx$ e $\displaystyle\int_{-\infty}^{\infty} |x|\,\mathrm{e}^{-x^2}\,dx$ são convergentes, pelo Teorema 3.21 temos que a função φ é derivável e usando integração por partes obtemos

$$
\begin{aligned}
\varphi'(\xi) &= \int_{-\infty}^{\infty} \frac{\partial F}{\partial \xi}(x,\xi)\,dx \\
&= \int_{-\infty}^{\infty} \mathrm{i}\,x\,\mathrm{e}^{-x^2}\,\mathrm{e}^{\mathrm{i}\,\xi\,x}\,dx \\
&= -\frac{\mathrm{i}}{2}\int_{-\infty}^{\infty} \mathrm{e}^{\mathrm{i}\,\xi\,x}\,(-2x\,\mathrm{e}^{-x^2})\,dx \\
&= -\frac{\mathrm{i}}{2}\left(\mathrm{e}^{-x^2}\,\mathrm{e}^{\mathrm{i}\,\xi\,x}\Big|_{x=-\infty}^{x=\infty} - \int_{-\infty}^{\infty} \mathrm{i}\,\xi\,\mathrm{e}^{-x^2}\,\mathrm{e}^{\mathrm{i}\,\xi\,x}\,dx\right) \\
&= -\frac{\xi}{2}\int_{-\infty}^{\infty} \mathrm{e}^{-x^2}\,\mathrm{e}^{\mathrm{i}\,\xi\,x}\,dx \\
&= -\frac{\xi}{2}\,\varphi(\xi).
\end{aligned}
$$

Logo, a função φ é solução para o problema $\varphi'(\xi) = -\dfrac{\xi}{2}\,\varphi(\xi)$ e com $\varphi(0) = \sqrt{\pi}$, ou seja, $\varphi(x) = \sqrt{\pi}\,\mathrm{e}^{-\xi^2/4}$.

Portanto, $\displaystyle\int_{-\infty}^{\infty} \mathrm{e}^{-x^2}\,\mathrm{e}^{\mathrm{i}\,\xi\,x}\,dx = \sqrt{\pi}\,\mathrm{e}^{-\xi^2/4}$ para todo $\xi \in \mathbb{R}$. Com isso, temos

$$
\begin{aligned}
\mathcal{F}[f](\xi) &= \frac{1}{\sqrt{2\pi}}\int_{-\infty}^{\infty} \mathrm{e}^{-x^2/2}\,\mathrm{e}^{-\mathrm{i}\,\xi\,x}\,dx \\
&= \frac{1}{\sqrt{2\pi}}\int_{-\infty}^{\infty} \mathrm{e}^{-(x/\sqrt{2})^2}\,\mathrm{e}^{-\mathrm{i}\,\xi\,x}\,dx \\
&= \frac{1}{\sqrt{2\pi}}\int_{-\infty}^{\infty} \mathrm{e}^{-y^2}\,\mathrm{e}^{-\mathrm{i}\,\sqrt{2}\,\xi\,y}\,\sqrt{2}\,dy \\
&= \frac{1}{\sqrt{\pi}}\int_{-\infty}^{\infty} \mathrm{e}^{-y^2}\,\mathrm{e}^{\mathrm{i}\,(-\sqrt{2}\,\xi)\,y}\,dy \\
&= \frac{1}{\sqrt{\pi}}\,\sqrt{\pi}\,\mathrm{e}^{-(-\sqrt{2}\,\xi)^2/4} \\
&= \mathrm{e}^{-\xi^2/2} \\
&= f(\xi).
\end{aligned}
$$

Teorema 5.41 *Sejam* $f, g \in \mathcal{L}^1(\mathbb{R})$ *e* $\lambda \in \mathbb{C}$.
(a) $\mathcal{F}[f + \lambda\, g](\xi) = \mathcal{F}[f](\xi) + \lambda\, \mathcal{F}[g](\xi)$.

(b) $\mathcal{F}[\,\overline{f}\,](\xi) = \overline{\mathcal{F}[f](-\,\xi)}$.

(c) Se $y \in \mathbb{R}$ *fixado, seja* $f_y(x) = f(x - y)$ *(deslocamento de* y*). Então* $f_y \in \mathcal{L}^1(\mathbb{R})$ *e* $\mathcal{F}[f_y(x)](\xi) = \mathrm{e}^{-\,\mathrm{i}\,\xi\, y}\mathcal{F}[f(x)](\xi)$.

Demonstração (a) Basta usar a linearidade da integral.
(b) Temos,

$$\begin{aligned}
\mathcal{F}[\,\overline{f}\,](\xi) &= \frac{1}{\sqrt{2\,\pi}} \int_{-\infty}^{\infty} \mathrm{e}^{-\,\mathrm{i}\,\xi\, x}\overline{f}(x)\, dx \\
&= \overline{\frac{1}{\sqrt{2\,\pi}} \int_{-\infty}^{\infty} \mathrm{e}^{\mathrm{i}\,\xi\, x}\, f(x)\, dx} \\
&= \overline{\mathcal{F}[f](-\,\xi)}.
\end{aligned}$$

(c) Temos que $\displaystyle\int_{-\infty}^{\infty} f_y(x)\, dx$ e $\displaystyle\int_{-\infty}^{\infty} |f_y(x)|\, dx$ são convergentes. Além disso, usando a mudança de variável $t = x - y$, temos

$$\begin{aligned}
\mathcal{F}[f_y](\xi) &= \frac{1}{\sqrt{2\,\pi}} \int_{-\infty}^{\infty} \mathrm{e}^{-\,\mathrm{i}\,\xi\, x} f_y(x)\, dx \\
&= \frac{1}{\sqrt{2\,\pi}} \int_{-\infty}^{\infty} \mathrm{e}^{-\,\mathrm{i}\,\xi\, x} f(x - y)\, dx \\
&= \frac{1}{\sqrt{2\,\pi}} \int_{-\infty}^{\infty} \mathrm{e}^{-\,\mathrm{i}\,\xi\,(t+y)} f(t)\, dt \\
&= \frac{1}{\sqrt{2\,\pi}}\, \mathrm{e}^{-\,\mathrm{i}\,y\,\xi} \int_{-\infty}^{\infty} \mathrm{e}^{-\,\mathrm{i}\,\xi\, t} f(t)\, dt \\
&= \mathrm{e}^{-\,\mathrm{i}\,y\,\xi}\, \mathcal{F}[f](\xi).
\end{aligned}$$

□

Teorema 5.42 *Seja* $f : \mathbb{R} \to \mathbb{C}$, $f \in \mathcal{L}^1(\mathbb{R})$*. Então a sua transformada de Fourier* $\mathcal{F}(f) : \mathbb{R} \to \mathbb{C}$ *é uniformemente contínua.*

Demonstração Como $\displaystyle\int_{-\infty}^{\infty} |f(x)|\, dx < \infty$, então dado $\varepsilon > 0$ existe uma constante $C > 0$ tal que

$$\int_{\{|x|>C\}} |f(x)|\, dx < \frac{\sqrt{2\,\pi}}{4}\,\varepsilon.$$

Seja $M > 0$ tal que $M \geq \int_{-\infty}^{\infty} |f(x)|\, dx$. Como a função $y \mapsto e^{iy}$ é contínua em particular no ponto $y = 0$, existe $\delta_1 > 0$ tal que se $|y| < \delta_1$ então

$$|e^{iy} - 1| < \frac{\sqrt{2\,\pi}}{2\,M}\,\varepsilon.$$

Considerando $\delta = \delta_1/C$, se $|\eta| < \delta_1$ então $|x\,\eta| < \delta_1$ para $x \in [-C, C]$. Portanto, se $|\eta| < \delta$ e para qualquer $\xi \in \mathbb{R}$, temos

$$\begin{aligned}
|\mathcal{F}[f](\xi) - \mathcal{F}[f](\eta)| &\leq \frac{1}{\sqrt{2\,\pi}} \int_{-\infty}^{\infty} |e^{-i(\xi+\eta)x} - e^{-\xi x}|\, |f(x)|\, dx \\
&= \frac{1}{\sqrt{2\,\pi}} \int_{\{|x|\leq C\}} |e^{-i(\xi+\eta)x} - 1|\, |f(x)|\, dx \\
&+ \frac{1}{\sqrt{2\,\pi}} \int_{\{|x|> C\}} |e^{-i(\xi+\eta)x} - 1|\, |f(x)|\, dx \\
&< \frac{\varepsilon}{2\,M} \int_{\{|x|\leq C\}} |f(x)|\, dx + \frac{2}{\sqrt{2\,\pi}} \int_{\{|x|>C\}} |f(x)|\, dx \\
&< \frac{\varepsilon}{2M} \int_{-\infty}^{\infty} |f(x)|\, dx + \frac{\varepsilon}{2} \\
&< \frac{\varepsilon}{2} + \frac{\varepsilon}{2} = \varepsilon.
\end{aligned}$$

Portanto, $\mathcal{F}[f]$ é uniformemente contínua em $\mathbb{R}$. □

Lema 5.43 (Lema de Riemann-Lebesgue) *Seja $f : [a, b] \to \mathbb{R}$ tal que f e $|f|$ são integráveis em $[a, b]$ (ou seja, $f \in \mathcal{L}^1([a, b])$). Então*

$$\lim_{t\to\infty} \int_a^b f(x) \operatorname{sen}(t\,x)\, dx = 0, \tag{5.7}$$

$$\lim_{t\to\infty} \int_a^b f(x) \cos(t\,x)\, dx = 0. \tag{5.8}$$

Demonstração Vamos demonstrar (5.7). A demonstração de (5.8) é feita de modo análogo.
Vamos dividir a demonstração de (5.7) em dois casos.
Caso 1. Vamos supor que f seja uma função limitada, ou seja, existe $M > 0$ tal que $|f(x)| \leq M$ para todo $x \in [a, b]$. Logo, se f é limitada e integrável, então dado $\varepsilon > 0$, existe uma partição P do intervalo $[a, b]$

$$P : a = x_0 < x_1 < x_2 < ... < x_{n-1} < x_n = b,$$

tal que $S(f, P) - s(f, P) < \varepsilon$, onde

$$S(f, P) = \sum_{j=1}^{n} M_j(x_j - x_{j-1}), \quad M_j = sup\{f(x) : \ x \in [x_{j-1}, x_j],$$

$$s(f, P) = \sum_{j=1}^{n} m_j(x_j - x_{j-1}), \quad m_j = inf\{f(x) : \ x \in [x_{j-1}, x_j],$$

($S(f, P)$ é a soma superior de f associada à partição P, e $s(f, P)$ é a soma inferior de f associada à partição P). Considere a partição do intervalo $[a, b]$ determinada pelos pontos $x_j = a + \dfrac{j(b-a)}{n}$ $(j = 0, 1, 2, ...n)$. Temos,

$$\begin{aligned} \int_a^b f(x)\text{sen}(t\,x)\,dx &= \sum_{j=1}^{n} f(x_j) \int_{x_{j-1}}^{x_j} \text{sen}(t\,x)\,dx \\ &+ \sum_{j=1}^{n} (f(x) - f(x_j))\text{sen}(t\,x)\,dx. \end{aligned} \tag{5.9}$$

Temos

$$\left| \int_{x_{j-1}}^{x_j} \text{sen}(t\,x)\,dx \right| = \left| \left(- \frac{\cos(t\,x)}{t} \Big|_{x_{j-1}}^{x_j} \right) \right| \leq \frac{2}{t}, \tag{5.10}$$

e

$$|f(x) - f(x_j)| \leq M_j - m_j, \ \text{para } x \in [x_{j-1}, x_j]. \tag{5.11}$$

Usando (5.10) e (5.11) em (5.9), obtemos

$$\begin{aligned} \left| \int_a^b f(x)\,\text{sen}(t\,x)\,dx \right| &\leq \frac{2nM}{t} + \sum_{j=1}^{n} (M_j - m_j)(x_j - x_{j-1}) \\ &= \frac{2nM}{t} + (S(f, P) - s(f, P)). \end{aligned} \tag{5.12}$$

Portanto, dado $\varepsilon > 0$, considere n tal que $S(f,P) - s(f,P) < \varepsilon/2$. Com esse n fixado, tome t_0 tal que $\dfrac{2nM}{t_0} < \varepsilon/2$. Logo, em (5.12), dado $\varepsilon > 0$ temos que para todo $t \geq t_0$

$$\left|\int_a^b f(x)\,\mathrm{sen}(t\,x)\,dx\right| \leq \varepsilon.$$

Portanto, $\displaystyle\lim_{t\to\infty}\int_a^b f(x)\,\mathrm{sen}(t\,x)\,dx = 0$.

Caso 2. Suponha que $f \in \mathcal{L}^1([a,b])$. Como o conjunto das funções contínuas é denso em $\mathcal{L}^1([a,b])$, dado $\varepsilon > 0$ existe uma função contínua $g : [a,b] \to \mathbb{R}$ tal que

$$\int_a^b |f(x) - g(x)|\,dx < \varepsilon/2. \tag{5.13}$$

Como toda função contínua em um compacto é limitada e integrável, podemos aplicar o Caso 1 e concluir que existe t_0 tal que, se $t > t_0$ temos

$$\left|\int_a^b g(x)\,\mathrm{sen}(t\,x)\,dx\right| < \varepsilon/2. \tag{5.14}$$

Podemos escrever

$$\int_a^b f(x)\,\mathrm{sen}(t\,x)\,dx = \int_a^b g(x)\,\mathrm{sen}(t\,x)\,dx + \int_a^b (f(x) - g(x))\,\mathrm{sen}(t\,x)\,dx,$$

e com isso obtemos de (5.13) e (5.14)

$$\begin{aligned}\left|\int_a^b f(x)\,\mathrm{sen}(t\,x)\,dx\right| &\leq \left|\int_a^b g(x)\,\mathrm{sen}(t\,x)\,dx\right| \\ &+ \left|\int_a^b (f(x) - g(x))\,\mathrm{sen}(t\,x)\,dx\right| \\ &< \varepsilon/2 + \varepsilon/2 = \varepsilon,\end{aligned}$$

e portanto, concluimos que $\displaystyle\lim_{t\to\infty}\int_a^b f(x)\,\mathrm{sen}(t\,x)\,dx = 0$. □

Teorema 5.44 *Se* $f \in \mathcal{L}^1(\mathbb{R})$, *então* $\lim\limits_{|\xi| \to \infty} \mathcal{F}[f](\xi) = 0$.

Demonstração Como $\displaystyle\int_{-\infty}^{\infty} |f(x)|\, dx < \infty$, dado $\varepsilon > 0$, existe $a > 0$ tal que

$$\int_{\{|x|>a\}} |f(x)|\, dx < \frac{\sqrt{2\pi}}{2}\, \varepsilon.$$

Usando que $e^{y\,i} = \cos(y) + i\,\mathrm{sen}(y)$ e aplicando o Lema 5.43, temos que

$$\lim_{|\xi| \to \infty} \int_{-a}^{a} e^{-i x \xi} f(x)\, dx = 0,$$

ou seja, existe ξ_0 tal que se $|\xi| > \xi_0$, então

$$\left| \int_{-a}^{a} e^{-i x \xi} f(x)\, dx \right| < \frac{\sqrt{2\pi}}{2}\, \varepsilon.$$

Logo,

$$\begin{aligned}
|\mathcal{F}[f](\xi)| &= \frac{1}{\sqrt{2\pi}} \left| \int_{-\infty}^{\infty} e^{-i x \xi} f(x)\, dx \right| \\
&\leq \frac{1}{\sqrt{2\pi}} \left| \int_{-a}^{a} e^{-i x \xi} f(x)\, dx \right| \\
&+ \frac{1}{\sqrt{2\pi}} \int_{\{|x|>a\}} |e^{-i x \xi}|\, |f(x)|\, dx \\
&= \frac{1}{\sqrt{2\pi}} \left| \int_{-a}^{a} e^{-i x \xi} f(x)\, dx \right| \\
&+ \frac{1}{\sqrt{2\pi}} \int_{\{|x|>a\}} |f(x)|\, dx \\
&< \frac{\varepsilon}{2} + \frac{\varepsilon}{2} = \varepsilon.
\end{aligned}$$

□

EXERCÍCIOS

(1) Para $a \in \mathbb{R}$, verifique que

$$(i) \int_0^\infty e^{-a\,x} \cos(\xi\,x)\,dx = \frac{a}{a^2+\xi^2};$$

$$(ii) \int_0^\infty e^{-a\,x} \operatorname{sen}(\xi\,x)\,dx = \frac{\xi}{a^2+\xi^2}.$$

(2) Verifique que para qualquer $x \in \mathbb{R}$ e $y > 0$,

$$\int_{-\infty}^{\infty} e^{-|\xi|\,y}\, e^{i\,x\,\xi}\, d\xi = \frac{2y}{x^2+y^2}.$$

(3) Calcule a transformada de Fourier de cada função.

(a) $u_a(x) = \begin{cases} 1, & \text{se } |x| \leq a, \\ 0, & \text{se } |x| > 0. \end{cases}$ onde $a > 0$.

(b) $f(x) = \begin{cases} 1 - \dfrac{|x|}{2}, & \text{se } |x| \leq 2, \\ 0, & \text{se } |x| > 2. \end{cases}$

(c) $f(x) = e^{-a\,x^2}$ (onde $a > 0$).

(d) $f(x) = e^{-x^2/2}$.

(e) $f(x) = e^{-a\,|x|} \cos(b\,x)$, $a > 0$ e $b \in \mathbb{R}$.

(4) Se $\mathcal{F}[f(x)](\xi)$ é a transformada de Fourier da função $f(x)$, prove as seguintes propriedades.

(a) $\mathcal{F}[f(-x)](\xi) = \mathcal{F}[f(x)](-\xi)$.

(b) $\mathcal{F}[f(x/a)](\xi) = a\,\mathcal{F}[f(x)](a\xi)$ (com $a > 0$).

(c) $\mathcal{F}[f(x-a)](\xi) = e^{-ia\xi}\mathcal{F}[f(x)](\xi)$.

(d) $\mathcal{F}[f(x)e^{-iax}](\xi) = \mathcal{F}[f(x)](\xi + a)$.

(5) Seja $f : \mathbb{R} \to \mathbb{R}$ uma função de classe C^1 (ou seja, sua derivada f' é contínua). Suponha que $f, f' \in \mathcal{L}^1(\mathbb{R})$ e que $\lim_{|x|\to\infty} f(x) = 0$. Prove que

$$\mathcal{F}[f'(x)](\xi) = i\,\xi\mathcal{F}[f(x)](\xi).$$

(6) Seja $f : \mathbb{R} \to \mathbb{R}$, $f \in \mathcal{L}^1(\mathbb{R})$ tal que $\int_{-\infty}^{\infty} f(x)\,dx = 0$. Prove que

$$\mathcal{F}\left[\int_{-\infty}^{x} f(t)\,dt\right](\xi) = \frac{1}{i\xi}\,\mathcal{F}[f(x)](\xi).$$

(Sugestão: Defina $g(x) = \int_{-\infty}^{x} f(t)\,dt$ e verifique que g e g' satisfazem as condições do exercício 5).

(7) Verifique que

$$(i)\ \mathcal{F}[f(x)\cos(b\,x)](\xi) = \frac{1}{2}\Big(\mathcal{F}[f(x)](\xi - b) + \mathcal{F}[f(x)](\xi + b)\Big),$$

$$(ii)\ \mathcal{F}[f(x)\,\mathrm{sen}(b\,x)](\xi) = \frac{1}{2\mathrm{i}}\Big(\mathcal{F}[f(x)](\xi - b) - \mathcal{F}[f(x)](\xi + b)\Big).$$

(8) Calcule a transformada de Fourier da função

$$f(x) = \begin{cases} x, & \text{se } |x| < 1, \\ 0, & \text{se } |x| \geq 1 \end{cases}$$

e verifique que

$$\int_{-\infty}^{\infty} \frac{(x\cos(x) - \mathrm{sen}(x))^2}{x^4}\,dx = \frac{\pi}{3}.$$

RESPOSTAS

(3) (a) $\dfrac{2\mathrm{sen}(a\xi)}{\xi\sqrt{2\pi}}$; (b) $\dfrac{(1-\cos(2\xi))}{\xi^2\sqrt{2\pi}}$;

(c) $\dfrac{\mathrm{e}^{-\xi^2/4a}}{\sqrt{2a}}$; (d) $\mathrm{e}^{-\xi^2/2}$.

(e) $\dfrac{a}{\sqrt{2\pi}}\left(\dfrac{1}{a^2 + (b+\xi)^2} + \dfrac{1}{a^2 + (b-\xi)^2}\right)$.

5.3.1 O Espaço de Schwartz

Definição 5.45 O espaço de Schwartz[4] $\mathcal{S}(\mathbb{R})$ é o conjunto das funções $f : \mathbb{R} \to \mathbb{C}$ infinitamente diferenciáveis tais que, para quaisquer m, n inteiros não negativos, existe uma constante $C_{m,n} > 0$ tal que

$$|x^n D^m f(x)| \leq C_{m,n}, \tag{5.15}$$

para todo $x \in \mathbb{R}$, onde $D^m f$ denota a derivada de ordem m da função f.

Observação 5.46 (a) A condição (5.15) é equivalente a

$$\lim_{|x|\to\infty} |D^m f(x)| = 0.$$

(b) Se $f \in \mathcal{S}(\mathbb{R})$, então $|f(x)| \leq \dfrac{C}{|x|^n}$ (para todo $n \in \mathbb{N}$). Logo, $\lim\limits_{|x|\to\infty} |f(x)| = 0$. Com isso, $\mathcal{S}(\mathbb{R}) \subset \mathcal{L}^1(\mathbb{R})$. De fato, em cada intervalo $[-a, b]$ a função f é contínua, e então limitada e integrável (e também $|f|$). Logo, para $n = 0$ e $m = 2$, temos $|f(x)| \leq \dfrac{C}{|x|^2}$ e

$$\begin{aligned} \int_{|x|\geq 1} |f(x)|\, dx &\leq C \int_{|x|\geq 1} \frac{1}{|x|^2}\, dx \\ &= 2C \int_1^\infty \frac{1}{x^2}\, dx = 2C. \end{aligned}$$

Logo,

$$\begin{aligned} \int_{-\infty}^\infty |f(x)|\, dx &= \int_{|x|\leq 1} |f(x)|\, dx + \int_{|x|>1} |f(x)|\, dx \\ &\leq \int_{-1}^1 |f(x)|\, dx + 2C < \infty. \end{aligned}$$

Portanto, $f \in \mathcal{L}^1(\mathbb{R})$.
(c) Se $f, g \in \mathcal{S}(\mathbb{R})$, então $f + \lambda g \in \mathcal{S}(\mathbb{R})$, para qualquer $\lambda \in \mathbb{C}$.

[4] Laurent-Moïse Schwartz (1915-2002)

(d) Se $f : \mathbb{R} \to \mathbb{C}$ com $f \in \mathcal{S}(\mathbb{R})$, então $D^n f$ (derivada de ordem n) e $x^m f(x)$ também são funções em $\mathcal{S}(\mathbb{R})$.
(e) Se $f \in \mathcal{S}(\mathbb{R})$, então $x^m D^n f(x) \in \mathcal{L}^1(\mathbb{R})$.

Exemplo 5.47 Considere a função $f(x) = \mathrm{e}^{-x^2/2}$. Temos,

$$\begin{aligned} f'(x) &= -x\mathrm{e}^{-x^2/2}, \\ f''(x) &= (-1 + x^2)\mathrm{e}^{-x^2/2}, \end{aligned}$$

e em geral temos que $D^m f(x) = p(x)\mathrm{e}^{-x^2/2}$, onde $p(x)$ é um polinômio. Logo, $\lim_{|x|\to\infty} x^n D^m f(x) = 0$, ou seja, $f \in \mathcal{S}(\mathbb{R})$.

Teorema 5.48 *Seja $f : \mathbb{R} \to \mathbb{C}$, $f \in \mathcal{S}(\mathbb{R})$. Então a sua transformada de Fourier $\mathcal{F}[f](\xi)$ é infinitamente derivável e*

$$D^n_\xi \mathcal{F}[f](\xi) = \mathcal{F}[(-\mathrm{i}x)^n f(x)](\xi).$$

Demonstração Basta aplicar o Teorema 3.21 do Capítulo 3 que permite derivar dentro do sinal de integração. □

Teorema 5.49 *Seja $f : \mathbb{R} \to \mathbb{C}$, $f \in \mathcal{S}(\mathbb{R})$. Então, para todo $n \in \mathbb{N}$ temos*

$$\mathcal{F}[D^n f(x)](\xi) = (\mathrm{i}\xi)^n \mathcal{F}[f](\xi).$$

Demonstração Para $n = 1$, temos usando integração por partes

$$\int_{-\infty}^{\infty} \mathrm{e}^{-\mathrm{i}x\xi} f'(x)\, dx = \mathrm{e}^{-\mathrm{i}x\xi} f(x)\Big|_{-\infty}^{\infty} + \mathrm{i}\xi \int_{-\infty}^{\infty} \mathrm{e}^{-\mathrm{i}x\xi} f(x)\, dx,$$

e como $f \in \mathcal{S}(\mathbb{R})$, temos $\lim_{|x|\to\infty} \mathrm{e}^{-\mathrm{i}x\xi} f(x) = 0$. Portanto,

$$\mathcal{F}[f'](\xi) = \mathrm{i}\xi \mathcal{F}[f](\xi).$$

Para o caso geral basta usar a indução. □

Teorema 5.50 *Seja $f : \mathbb{R} \to \mathbb{C}$, $f \in \mathcal{S}(\mathbb{R})$. Então a sua transformada de Fourier $\mathcal{F}[f] \in \mathcal{S}(\mathbb{R})$.*

Demonstração Usando os Teoremas 5.48 e 5.49 temos para $m, n \geq 0$ inteiros

$$\begin{aligned} \xi^m D^n_\xi \mathcal{F}[f(x)](\xi) &= \xi^m \mathcal{F}[(-\mathrm{i}x)^n f(x)](\xi) \\ &= \mathcal{F}[(-\mathrm{i}\, D_x)^m (\mathrm{i}x)^n f(x)](\xi). \end{aligned} \quad (5.16)$$

Pela Observação 5.46(e), em (5.16) temos que $\xi^m D_\xi^n \mathcal{F}[f(x)](\xi)$ é limitado. Portanto, $\mathcal{F}[f] \in \mathcal{S}(\mathbb{R})$. $\square$

Com o Teorema 5.50, obtemos que a transformada de Fourier é um operador linear $\mathcal{F} : \mathcal{S}(\mathbb{R}) \to \mathcal{S}(\mathbb{R})$, ou seja, se $f \in \mathcal{S}(\mathbb{R})$ então temos $\mathcal{F}[f] \in \mathcal{S}(\mathbb{R})$. Vamos provar que $\mathcal{F}$ é uma bijeção de $\mathcal{S}(\mathbb{R})$ em $\mathcal{S}(\mathbb{R})$, ou seja, $\mathcal{F}$ é injetiva (se $\mathcal{F}[f_1] = \mathcal{F}[f_2]$, então $f_1 = f_2$) e $\mathcal{F}$ é sobrejetiva (ou seja, dada $g \in \mathcal{S}(\mathbb{R})$ existe $f \in \mathcal{S}(\mathbb{R})$ tal que $\mathcal{F}[f] = g$). Com isso podemos definir a transformada inversa de Fourie $\mathcal{F}^{-1} : \mathcal{S}(\mathbb{R}) \to \mathcal{S}(\mathbb{R})$ e vamos demonstrar que

$$\mathcal{F}^{-1}[f](s) = \frac{1}{\sqrt{2\pi}} \int_{-\infty}^{\infty} e^{ist} f(t)\, dt.$$

Para isso vamos precisar dos próximos 03 lemas. Para simplificar a notação vamos escrever

$$\mathcal{F}[f(x)](\xi) = \hat{f}(\xi)$$

para denotar a transformada de Fourier de uma função f.

Lema 5.51 *Seja* $f \in \mathcal{S}(\mathbb{R})$ *e com* $f(0) = 0$. *Então*

$$f(0) = \frac{1}{\sqrt{2\pi}} \int_{-\infty}^{\infty} \hat{f}(\xi)\, d\xi.$$

Demonstração Podemos escrever

$$\begin{aligned} f(x) &= \int_0^1 \frac{d}{dt}[f(tx)]\, dt \\ &= \int_0^1 x\, f'(tx)\, dt \\ &= x \int_0^1 f'(tx)\, dt = x\, g(x), \end{aligned}$$

onde $g(x) = \int_0^1 f'(tx)\, dt$. Temos que $g \in \mathcal{S}(\mathbb{R})$. De fato,
(a) Usando o Teorema 3.2 temos que $g \in C^\infty$ (ou seja, g é infinitamente derivável.
(b) Sejam $m, n \geq 0$ inteiros positivios. Como $x^n\, g^{(m)}(x)$ é contínua (onde $g^{(m)}$ denota a derivada de ordem m de g), então $x^n g^{(m)}(x)$ é

limitada em $[-1,1]$. Para $|x|>1$, podemos escrever $g(x)=x^{-1}f(x)$. Como isso,

$$g'(x)=x^{-2}[-f(x)+xf'(x)],$$
$$g''(x)=x^{-3}[2f(x)-2xf'(x)+x^2f''(x),$$

e usando indução obtemos

$$g^{(\beta)}(x)=\frac{1}{x^{\beta+1}}\sum_{k=0}^{\beta}(-1)^k\frac{\beta!}{(\beta-k)!}x^{\beta-k}f^{(\beta-k)}(x).$$

Como $f\in\mathcal{S}(\mathbb{R})$, para $|x|>1$ obtemos

$$|x^{\alpha}g^{(\beta)}(x)|\leq\sum_{k=0}^{\beta}\frac{\beta!}{(\beta-k)!}|x|^{\alpha+\beta-k}|f^{(\beta-k)}(x)|\leq C_{\alpha,\beta}.$$

Portanto, usando (a) e (b), obtemos $g\in\mathcal{S}(\mathbb{R})$.
Agora, usando o Teorema 5.48, temos $D^{\beta}\mathcal{F}[f]=(-\mathrm{i})^{\beta}\mathcal{F}[x^{\beta}f]$. O que implica que $\hat{f}(\xi)=\mathcal{F}[f](\xi)=\mathcal{F}[xg(x)](\xi)=\mathrm{i}\,D\mathcal{F}[g](\xi)=\mathrm{i}\hat{g}'(\xi)$. Portanto, aplicando o Teorema 5.44, obtemos

$$\begin{aligned}\int_{-\infty}^{\infty}\hat{f}(\xi)\,d\xi &= \mathrm{i}\int_{-\infty}^{\infty}\frac{d}{d\xi}[\hat{g}(\xi)]\,d\xi\\ &= \mathrm{i}\left[\hat{g}(\xi)\Big|_{-\infty}^{\infty}\right]=0,\end{aligned}$$

pois $\lim_{|\xi|\to\infty}\hat{g}(\xi)=0$. □

Lema 5.52 *Se $f\in\mathcal{S}(\mathbb{R})$, então*

$$f(0)=\frac{1}{\sqrt{2\pi}}\int_{-\infty}^{\infty}\hat{f}(\xi)\,d\xi.$$

Demonstração Considere a função $h(x)=\mathrm{e}^{-x^2/2}$, e defina a função $g(x)=f(x)-f(0)h(x)$. Temos que $g(0)=0$ e $\mathcal{F}[h](\xi)=h(\xi)$ (pelo Exemplo 5.40). Como $f,h\in\mathcal{S}(\mathbb{R})$, então $g\in\mathcal{S}(\mathbb{R})$. Logo, usando o Lema 5.51, obtemos

$$0=g(0)=\frac{1}{\sqrt{2\pi}}\int_{-\infty}^{\infty}\hat{g}(\xi)\,d\xi.$$

Mas também temos (pela linearidade da transformação de Fourier)

$$\hat{g}(\xi) = \hat{f}(\xi) - f(0)\,\hat{h}(\xi) = \hat{f}(\xi) - f(0)\,h(\xi).$$

Portanto,

$$\begin{aligned} 0 &= \frac{1}{\sqrt{2\pi}}\int_{-\infty}^{\infty} \hat{f}(\xi)\,d\xi - \frac{f(0)}{\sqrt{2\pi}}\int_{-\infty} h(\xi)\,d\xi \\ &= \frac{1}{\sqrt{2\pi}}\int_{-\infty}^{\infty} \hat{f}(\xi)\,d\xi - \frac{f(0)}{\sqrt{2\pi}}\int_{-\infty}^{\infty} \mathrm{e}^{-\xi^2/2}\,d\xi \\ &= \frac{1}{\sqrt{2\pi}}\int_{-\infty}^{\infty} \hat{f}(\xi)\,d\xi - f(0), \end{aligned}$$

(usando que $\int_{-\infty}^{\infty} \mathrm{e}^{-\xi^2/2}\,d\xi = \sqrt{2\pi}$) ou seja, $f(0) = \frac{1}{\sqrt{2\pi}}\int_{-\infty}^{\infty} \hat{f}(\xi)\,d\xi.$

□

Lema 5.53 (Fórmula da inversão) *Se* $f \in \mathcal{S}(\mathbb{R})$, *então*

$$f(x) = \frac{1}{\sqrt{2\pi}}\int_{-\infty}^{\infty} \hat{f}(\xi)\mathrm{e}^{\mathrm{i}\xi x}\,d\xi.$$

Demonstração Sejam $x\,,\xi \in \mathbb{R}$. Temos que

$$\mathcal{F}[f_y(x)](\xi) = \mathrm{e}^{-\mathrm{i}\,\xi\,y}\mathcal{F}[f(x)](\xi),$$

noindent (pelo Teorema 5.41(c)). Logo, se $f_{-x}(t) = f(t+x)$, então obtemos que $\mathcal{F}[f_{-x}](\xi) = \mathrm{e}^{\mathrm{i}\,\xi\,x}\mathcal{F}[f(x)](\xi)$. Como $f_{-x} \in \mathcal{S}(\mathbb{R})$, aplicando o Lema 4.51, obtemos

$$\begin{aligned} f(x) &= f_{-x}(0) = \frac{1}{\sqrt{2\pi}}\int_{-\infty}^{\infty} \mathcal{F}[f_x](\xi)\,d\xi \\ &= \frac{1}{\sqrt{2\pi}}\int_{-\infty}^{\infty} \mathrm{e}^{\mathrm{i}\,\xi\,x}\hat{f}(\xi)\,d\xi. \end{aligned}$$

□

Teorema 5.54 *A transformada de Fourier* $\mathcal{F}$ *define uma bijeção linear* $\mathcal{F} : \mathcal{S}(\mathbb{R}) \to \mathcal{S}(\mathbb{R})$ *com inversa*

$$f(x) = \mathcal{F}^{-1}[f](x) = \frac{1}{\sqrt{2\pi}}\int_{-\infty}^{\infty} \mathrm{e}^{\mathrm{i}\,\xi\,x}\,\hat{f}(\xi)\,d\xi.$$

Demonstração (a) A linearidade decorre da Observação 5.46(c).
(b) Injetividade: usando o (Lema 5.45), se $\hat{f}(\xi) = \mathcal{F}[f](\xi) = 0$, então

$$f(x) = \frac{1}{\sqrt{2\pi}} \int_{-\infty}^{\infty} \mathrm{e}^{\mathrm{i}\,\xi\,x}\, \hat{f}(\xi) x\, d\xi = 0.$$

(c) Sobrejetividade: dada $f \in \mathcal{S}(\mathbb{R})$, vamos determinar uma função $g \in \mathcal{S}(\mathbb{R})$ tal que $\mathcal{F}[g](\xi) = f(\xi)$. Observe que

$$g(x) = \frac{1}{\sqrt{2\pi}} \int_{-\infty}^{\infty} f(\xi)\, \mathrm{e}^{\mathrm{i}\,\xi\,x}\, d\xi = \mathcal{F}[f](-x),$$

e que $g \in \mathcal{S}(\mathbb{R})$ (pois se $f \in \mathcal{S}(\mathbb{R})$, então $h(x) = f(-x) \in \mathcal{S}(\mathbb{R})$). Agora, usando a fórmula da inversão (Lema 5.53), obtemos

$$\begin{aligned} f(\xi) &= \frac{1}{\sqrt{2\pi}} \int_{-\infty}^{\infty} \hat{f}(\xi)\, \mathrm{e}^{\mathrm{i}\,\xi\,x}\, dx \\ &= \frac{1}{\sqrt{2\pi}} \int_{-\infty}^{\infty} g(-x) \mathrm{e}^{\mathrm{i}\,\xi\,x}\, dx \\ &= \frac{1}{\sqrt{2\pi}} \int_{-\infty}^{\infty} g(y)\, \mathrm{e}^{-\mathrm{i}\,\xi\,y}\, dy \\ &= \mathcal{F}[g](\xi), \end{aligned}$$

ou seja, $f = \mathcal{F}[g]$. □

Como o Teorema 5.54 podemos definir o operador (transformada inversa de Fourier)

$$\begin{aligned} &\mathcal{F}^{-1} : \mathcal{S}(\mathbb{R}) \to \mathcal{S}(\mathbb{R}) \\ &\mathcal{F}^{-1}[g](\xi) = \frac{1}{\sqrt{2\pi}} \int_{-\infty}^{\infty} \mathrm{e}^{\mathrm{i}\,t\,\xi}\, g(t)\, dt. \end{aligned}$$

Teorema 5.55 *Se $f, g \in \mathcal{S}(\mathbb{R})$, então $f * g \in \mathcal{S}(\mathbb{R})$ (produto de convolução).*

Demonstração Temos que $(f * g)(x) = \displaystyle\int_{-\infty}^{\infty} f(x - y)\, g(y)\, dy$. Como

$f, g \in \mathcal{S}(\mathbb{R})$, então $f * g$ é uma função C^∞ e temos

$$\begin{aligned}\frac{d^n}{dx^n}(f * g)(x) &= \left[\left(\frac{d^n f}{dx^n}\right) * g\right](x) \\ &= \left[f * \left(\frac{d^n g}{dx^n}\right)\right](x).\end{aligned}$$

De fato, pelo Teorema 3.21, temos

$$\frac{d^n}{dx^n}(f * g)(x) = \int_{-\infty}^{\infty} f^{(n)}(x-y)\, g(y)\, dy, \tag{5.17}$$

pois a integral em (5.17) converge uniformemente em $-\infty < x < \infty$, $|f^{(n)}(x-y)\, g(y)| \leq M\, |g(y)|$, sendo $M = \sup\limits_{-\infty<x<\infty} |f^{(n)}(x)|$.
Agora, para todo inteiro não negativo m temos

$$x^m\, (f * g)(x) = \int_{-\infty}^{\infty} x^m\, f(x-y)\, g(y)\, dy,$$

e escrevendo $x^m = ((x-y)+y)^m = \sum\limits_{k=0}^{m} \binom{m}{k} (x-y)^k\, y^{m-k}$, obtemos

$$\begin{aligned}x^m\, (f * g)(x) &= \int_{-\infty}^{\infty} x^m\, f(x-y)\, g(y)\, dy \\ &= \int_{-\infty}^{\infty} \sum_{k=0}^{m} \binom{m}{k} (x-y)^k\, f(x-y)\, y^{m-k}\, g(y)\, dy \\ &= \sum_{k=0}^{m} \binom{m}{k} [(x^k\, f) * (x^{m-k}\, g)](x). \end{aligned} \tag{5.18}$$

Usando (5.17) e (5.18) obtemos que

$$x^m\, \frac{d^n}{dx^n}(f * g)(x) = \sum_{k=0}^{m} \binom{m}{k} \left(x^k\, \frac{d^n f}{dx^n}\right) * (x^{m-k}\, g)$$

e como todas as funções neste último somatório estão em $\mathcal{S}(\mathbb{R})$, então $x^m\, \dfrac{d^n}{dx^n}(f * g)(x)$ também pertence ao espaço $\mathcal{S}(\mathbb{R})$. □

Teorema 5.56 *Sejam* $f, g \in \mathcal{S}(\mathbb{R})$. *Então* $\mathcal{F}[f * g] = \sqrt{2\pi}\,\mathcal{F}[f]\,\mathcal{F}[g]$.

Demonstração Temos que

$$\int_{-\infty}^{\infty}\left[\int_{-\infty}^{\infty}|\mathrm{e}^{-\mathrm{i}x\xi}\,f(x-y)\,g(y)|\,dy\right]dx < \infty,$$
$$\int_{-\infty}^{\infty}\left[\int_{-\infty}^{\infty}|\mathrm{e}^{-\mathrm{i}x\xi}\,f(x-y)\,g(y)|\,dx\right]dy < \infty,$$

e portanto, usando o Teorema de Fubini, obtemos

$$\int_{-\infty}^{\infty}\mathrm{e}^{-\mathrm{i}x\xi}\left[\int_{-\infty}^{\infty}f(x-y)\,g(y)\,dy\right]dx$$
$$= \int_{-\infty}^{\infty}\mathrm{e}^{-\mathrm{i}y\xi}\,g(y)\left[\int_{-\infty}^{\infty}\mathrm{e}^{-\mathrm{i}(x-y)\xi}\,f(x-y)\,dx\right]dy. \qquad (5.19)$$

Portanto, de (5.19), obtemos

$$\mathcal{F}[f * g](\xi) = \sqrt{2\pi}\,\mathcal{F}[f](\xi)\,\mathcal{F}[g](\xi).$$

□

De forma análoga ao Teorema 5.56 obtemos que

$$\mathcal{F}^{-1}[f * g] = \sqrt{2\pi}\,\mathcal{F}^{-1}[f]\,\mathcal{F}^{-1}[g]. \qquad (5.20)$$

Teorema 5.57 *Sejam* $f, g \in \mathcal{S}(\mathbb{R})$. *Então* $f\,g \in \mathcal{S}(\mathbb{R})$ *e*

$$\mathcal{F}[f\,g](\xi) = \frac{1}{\sqrt{2\pi}}\,\mathcal{F}[f](\xi)\,\mathcal{F}[g](\xi).$$

Demonstração Sejam $F(\xi) = \mathcal{F}[f](\xi)$ e $G(\xi) = \mathcal{F}[g](\xi)$. Temos que $f = \mathcal{F}^{-1}[F]$ e $g = \mathcal{F}^{-1}[G]$. Usando (5.20), obtemos

$$f\,g = \frac{1}{\sqrt{2\pi}}\mathcal{F}^{-1}[F * G].$$

Logo, $\mathcal{F}[f\,g] = \dfrac{1}{\sqrt{2\pi}}\,F * G$ □

EXERCÍCIOS

(1) Seja $f \in \mathcal{S}(\mathbb{R})$. Prove que a fórmula da inversão pode ser escrita na forma

$$f(x) = \int_0^{\infty} [A(\xi)\cos(\xi\, x) + B(\xi)\,\mathrm{sen}(\xi\, x)]d\xi$$

onde, para $\xi \geq 0$,

$$\begin{aligned} A(\xi) &= \frac{1}{\sqrt{2\pi}}\Big(\mathcal{F}[f(x)](\xi) + \mathcal{F}[f(x)](-\,\xi)\Big) = \frac{1}{\pi}\int_{-\infty}^{\infty} f(x)\cos(\xi\, x)\, dx, \\ B(\xi) &= \frac{\mathrm{i}}{\sqrt{2\pi}}\Big(\mathcal{F}[f(x)](\xi) - \mathcal{F}[f(x)](-\,\xi)\Big) = \frac{1}{\pi}\int_{-\infty}^{\infty} f(x)\,\mathrm{sen}(\xi\, x)\, dx. \end{aligned}$$

(2) Vamos determinar que

$$\int_0^{\infty} \mathrm{e}^{-\,a\,\xi}\, \frac{\mathrm{sen}(b\,\xi)}{\xi}\, d\xi = \frac{1}{a}\,\mathrm{arc\,tg}\Big(\frac{b}{a}\Big),$$

para $a > 0$ e $b > 0$. Para isso, faça os seguintes passos:
(i) Considefe a função $f(x) = u_b(x) = \begin{cases} 1, \text{ se } |x| \leq b \\ 0, \text{ se } |x| > b. \end{cases}$. Mostre que a sua transformada de Fourier é

$$\mathcal{F}[f(x)](\xi) = \frac{2\,\mathrm{sen}(b\,\xi)}{\sqrt{2\pi}\,\xi}.$$

Com isso, temos $\mathcal{F}\left[\frac{\sqrt{2\pi}}{2}\,u_b(x)\right](\xi) = \frac{\mathrm{sen}(b\,\xi)}{\xi}$.
(ii) Verifique que $\mathcal{F}[\mathrm{e}^{-\,a|x|}](\xi) = \dfrac{2\,a}{\sqrt{2\pi}(a^2+\xi^2)}$.
(iii) Use o Teorema 5.57 para verificar que

$$\mathcal{F}\left[\frac{1}{\sqrt{2\pi}}\Big(\frac{\sqrt{2\pi}}{2}\,u_b(x)\Big) \,*\, \Big(\frac{2\,a}{\sqrt{2\pi}}\,\frac{1}{a^2+x^2}\Big)\right](\xi) = \frac{\mathrm{sen}(b\,\xi)}{\xi}\,\mathrm{e}^{-a\,|\xi|}.$$

Com isso, a função cuja transformada de Fourier é

$$\mathcal{F}[g(x)](\xi) = \frac{\mathrm{sen}(b\,\xi)}{\xi}\,\mathrm{e}^{-a\,|\xi|}$$

será $g(x) = \dfrac{a}{\sqrt{2\pi}} \displaystyle\int_{-b}^{b} \frac{1}{a^2 + (y-x)^2}\, dy = \frac{2}{a\sqrt{2\pi}} \operatorname{arc\,tg}\left(\frac{b-x}{a}\right)$. Agora, pela fórmula inversa de Fourier obtemos

$$\frac{2}{a\sqrt{2\pi}} \operatorname{arc\,tg}\left(\frac{b-x}{a}\right) = \frac{1}{\sqrt{2\pi}} \int_{-\infty}^{\infty} \mathrm{e}^{\mathrm{i}x\,\xi}\, \mathcal{F}[g(x)](\xi)\, d\xi,$$

que, calculada no ponto $x = 0$ fornece

$$\int_{0}^{\infty} \mathrm{e}^{-a\,\xi}\, \frac{\operatorname{sen}(b\,\xi)}{\xi}\, d\xi = \frac{1}{a} \operatorname{arc\,tg}\left(\frac{b}{a}\right).$$

Capítulo 6

O Problema de Sturm-Liouville

A área de equações diferenciais é uma das mais importantes áreas de estudo em Matemática. A origem do estudo das equações diferenciais e as técnicas de resolução, data da época do surgimento do Cálculo Diferencial e Integral no século XVII, e envolve personagens históricos como Newton[1] e Leibniz[2].

Formalmente um problema de contorno relativo a uma equação diferencial linear de segunda ordem consiste em
(i) uma equação do tipo

$$Ly = f, \tag{6.1}$$

na qual L é um operador diferencial linear de segunda ordem, definido em um intervalo (finito) $[a, b]$ e f é uma função contínua em [a,b]; e
(ii) um par de condições de fronteira da forma

$$\begin{aligned} \alpha_1 y(a) + \alpha_2 y(b) + \alpha_3 y'(a) + \alpha_4 y'(b) &= \gamma_1, \\ \beta_1 y(a) + \beta_2 y(b) + \beta_3 y'(a) + \beta_4 y'(b) &= \gamma_2, \end{aligned} \tag{6.2}$$

onde α_i, β_i $(i = 1, 2, 3, 4)$ e γ_j $(j = 1, 2)$ são constantes. O problema consiste em determinar todas as funções y duas vezes continuamente diferenciáveis que satisfazem (6.1) e (6.2) simultaneamente.

[1] Isaac Newton (1643 - 1727)

[2] Gottfried Wilhelm Leibniz (1646 - 1716)

As condições de fronteira são chamadas homogêneas se $\gamma_1 = 0$ e $\gamma_2 = 0$. Neste caso, o conjunto das funções duas vezes continuamente diferenciáveis em $[a, b]$ que satisfazem (6.2) é um subespaço $\mathcal{S}$ em $C^2([a, b])$ (que é o conjunto das funções $h : [a, b] \to \mathbb{C}$ duas vezes continuamente diferenciáveis).

As soluções de um problema de contorno que envolvem um operador linear $L : \mathcal{S} \to C([a, b])$ estão relacionadas com as soluções da equação

$$Ly = \lambda y \tag{6.3}$$

onde λ é um parâmetro desconhecido. Neste caso, temos que encontrar todos os valores de λ para os quais (6.3) admite soluções não triviais (ou seja, $y \not\equiv 0$). A equação (6.3) pode ser escrita na forma $(L - \lambda I)\, y = 0$, onde I representa a transformação identidade (ou seja, $I(y) = y$). O problema acima pode ser reformulado em linguagem de Álgebra Linear:

Dada uma transformação linear $L : \mathcal{S} \to V$, onde $\mathcal{S}$ é um subespaço de V, determine todos os valores de λ (ou autovalores*) para os quais a equação $Ly = \lambda y$ tenha solução não triviais, e determine a seguir, todas as soluções correspondentes a esses valores de λ (ou seja, os* autovetores *correspondentes a cada valor de λ).*

Exemplo 6.1 Considere o problema

$$\begin{aligned} &y''(t) + \lambda\, y(t) = 0, \text{ para todo } t \in [0, \pi], \\ &y(0) = 0 \text{ e } y(\pi) = 0, \end{aligned}$$

sendo $\lambda \in \mathbb{R}$. Para $\lambda = 0$ e para $\lambda < 0$ o problema só admite solução trivial ($y(t) \equiv 0$). Para $\lambda > 0$ temos que a solução geral da equação diferencial é dada por

$$y(t) = C_1 \operatorname{sen}(\sqrt{\lambda}\, t) + C_2 \cos(\sqrt{\lambda}\, t),$$

onde C_1 e C_2 são constantes arbitrárias (veja no Apêncide F). Usando as condições iniciais, obtemos

$$\begin{aligned} &0 = y(0) = C_2, \\ &0 = y(\pi) = C_1 \operatorname{sen}(\sqrt{\lambda}\, \pi) + C_2 \cos(\sqrt{\lambda}\, \pi). \end{aligned}$$

Logo, $C_1 \operatorname{sen}(\sqrt{\lambda}\,\pi) = 0$. Se $C_1 = 0$ então $y(t) = 0$ é a solução trivial. Para $C_1 \neq 0$, temos que $\operatorname{sen}(\sqrt{\lambda}\,\pi) = 0$, ou seja, $\sqrt{\lambda}\pi = k\,\pi$, $k = 1, 2, 3, ...$ Portanto, os autovalores são $\lambda_k = k^2$ $(k = 1, 2, ...)$ e as autofunções são $y_k(t) = \operatorname{sen}(k\,t)$ (com $k = 1, 2, 3...$). Note que a sequência de autovalores $\{\lambda_k\}$, $\lambda_k = k^2$ $(k = 1, 2, 3...)$ satisfaz

$$\lambda_1 < \lambda_2 < \lambda_3 < ....,$$
$$\lim_{k\to\infty} \lambda_k = \infty,$$
$$\sum_{k=1}^{\infty} \frac{1}{\lambda_k} = \sum_{k=1}^{\infty} \frac{1}{k^2} < \infty.$$

□

Denotando $L = -\dfrac{d^2}{d\,t^2}$, a equação $y''(t) + \lambda\,y(t) = 0$ pode ser escrita na forma $Ly = \lambda\,y$. Considerando em $C([a,b],\mathbb{R})$ (veja seção 6.1) o produto interno (veja Definição 6.3)

$$\langle f, g\rangle = \int_0^{\pi} f(t)\,g(t)\,dt$$

e $\mathcal{S}$ o subespaço de $C([a,b],\mathbb{R})$ constituído de todas as funções duas vezes continuamente diferenciáveis tais que $y(0) = y(\pi) = 0$. Se $y_1, y_2 \in \mathcal{S}$ temos, usando integração por partes e que $y_1(0) = y_1(\pi) = 0$ e também $y_2(0) = y_2(\pi) = 0$, obtemos

$$\begin{aligned}
\langle Ly_1, y_2\rangle &= \int_0^{\pi} Ly_1(t)\,y_2(t)\,dt = -\int_0^{\pi} y_1''(t)\,y_2(t)\,dt \\
&= -y_1'(t)\,y_2(t)\Big|_0^{\pi} + \int_0^{\pi} y_1'(t)\,y_2'(t)\,dt \\
&= -\left(y_1'(\pi)\,y_2(\pi) - y_1'(0)\,y_2(0)\right) + \int_0^{\pi} y_1'(t)\,y_2'(t)\,dt \\
&= \int_0^{\pi} y_1'(t)\,y_2'(t)\,dt,
\end{aligned}$$

e

$$
\begin{aligned}
\langle y_1, Ly_2 \rangle &= \int_0^\pi y_1(t)\, Ly_2(t)\, dt = -\int_0^\pi y_1(t)\, y_2''(t)\, dt \\
&= -\, y_1(t)\, y_2'(t)\Big|_0^\pi + \int_0^\pi y_1'(t)\, y_2'(t)\, dt \\
&= -\,(y_1(\pi)\, y_2'(\pi) - y_1(0)\, y_2'(0)) + \int_0^\pi y_1'(y)\, y_2'(t)\, dt \\
&= \int_0^\pi y_1'(t)\, y_2'(t)\, dt.
\end{aligned}
$$

Portanto, $\langle Ly_1, y_2 \rangle = \langle y_1, Ly_2 \rangle$ e então L é simétrico em $\mathcal{S}$.

O comportamento do operador $L = -\dfrac{d^2}{d\,t^2}$ é típico de um grande número de operadores diferenciais e, quando generalizado convenientemente, fornece uma chave para o estudo dos problemas de contorno.

Consideremos a seguinte equação diferencial ordinária, linear, de segunda ordem

$$
-\, a_2(t)\, y''(t) + a_1(t)\, y'(t) + (a_0(t) - \lambda\, \mu(t))\, y(t) = g(t), \tag{6.4}
$$

onde λ é uma constante, $a_2(t) > 0$ e $\mu(t) > 0$ para todo $t \in [a, b]$. Introduzindo as funções $p(t)$, $q(t)$, $f(t)$ e $\omega(t)$ definidas por

$$
p(t) = \exp\left(-\int^t \frac{a_1(x)}{a_2(x)}\, dx \right), \quad q(t) = \frac{a_0(t)\, p(t)}{a_2(t)},
$$

$$
\omega(t) = \frac{\mu(t)\, p(t)}{a_2(t)} \quad \text{e} \quad f(t) = \frac{p(t)\, g(t)}{a_2(t)},
$$

multiplicando a equação (6.4) por $\dfrac{1}{a_2(t)}\, p(t)$ obtemos uma equação da forma

$$
-\frac{d}{dt}\left(p(t)\, \frac{dy}{dt} \right) + (q(t) - \lambda\, \omega(t))\, y(t) = f(t) \tag{6.5}
$$

que é chamada *equação de Sturm-Liouville.*

A equação de Sturm-Liouville, junto com as chamadas condições de fronteira (ou condições de extremos separados)

$$\alpha_0\, y(a) + \alpha_1\, y'(a) = 0, \tag{6.6}$$
$$\beta_0\, y(b) + \beta_1\, y'(b) = 0, \tag{6.7}$$

onde $\alpha_0, \alpha_1, \beta_0, \beta_1$ são números reais, constituem um *problema (ou sistema) de Sturm-Liouville regular* (ou simplesmente, sistema de Sturm-Liouville[3]).

De modo análogo aos sistemas de equações lineares, os valores de λ para os quais o sistema de Sturm-Liouville tem solução não trivial (ou seja $y(t) \not\equiv 0$) são chamados *autovalores* do sistema e as soluções correspondentes as suas *autofunções.* O conjunto de todos os autovalores de um problema de Sturm-Liouville é chamado *espectro* do sistema.

Historicamente o problema de Sturm-Liouville gerou uma série de desenvolvimentos que conduziram, no começo do século XX, ao nascimento de uma nova e importante área da Matemática, a Análise Funcional (veja as referências [2],[3] e [8]).

Exemplo 6.2 Considere a equação diferencial ordinária linear de segunda ordem

$$-y''(t) + 2t\, y'(t) + (1-\lambda)\, y(t) = 0. \tag{6.8}$$

Temos $a_2(t) = 1$, $a_1(t) = 2t$, $a_0(t) = 1$, $\mu(t) = 1$ e $g(t) = 0$. Logo,

$$\begin{aligned}
p(t) &= \exp\left(-\int^t \frac{a_1(x)}{a_2(x)}\,dx\right) = \exp\left(-\int^t \frac{2x}{1}\,dx\right) = \mathrm{e}^{-t^2},\\
q(t) &= \frac{a_0(t)\,p(t)}{a_2(t)} = \mathrm{e}^{-t^2},\\
\omega(t) &= \frac{\mu(t)\,p(t)}{a_2(t)} = \mathrm{e}^{-t^2},\\
f(t) &= \frac{p(t)\,g(t)}{a_2(t)} = 0,
\end{aligned}$$

e podemos escrever a equação (6.8) na forma de uma equação de Sturm-Liouville

[3] **Jacques Charles François Sturm (1803 - 1855), Joseph Liouville (1809 - 1882). Os trabalhos de Sturm e Liouville sobre o problema que é hoje conhecido como Problema de Sturm-Liouville foram desenvolvidos entre 1829 e 1837.**

$$-\frac{d}{dt}\left(e^{-t^2}\,y'(t)\right)+(e^{-t^2}-\lambda\,e^{-t^2})\,y(t)=0.$$

□

Este capítulo é dedicado ao problema de Sturm-Liouville, um clássico problema da teoria das equações diferenciais. O objetivo é o de generalizar as propriedades do operador $L=-\dfrac{d^2}{dt^2}$, apresentadas no Exemplo 6.1, para uma classe de operadores diferenciais lineares de segunda ordem da forma

$$L[y]=-\frac{d}{dt}[p(t)\,y'(t)]+(q(t)-\lambda\,\omega(t))\,y(t),$$

satisfazendo as condições de extremos separados (6.6) e (6.7).

A distribuição do conteúdo neste capítulo é a seguinte: Na seção 6.1 definimos os espaços euclidianos (ou espaços com produto interno), sistemas ortogonais e sistemas ortonormais. Já na seção 6.2 são definidos os espaços de funções que serão utilizados. Na seção 6.3 será estudado o problema de Sturm-Liouville regular e as propriedades básicas de suas autofunções. Já na seção 6.4 apresentamos o conceito de função de Green e também são feitos alguns exemplos.

Podemos considerar problemas diferenciais mais gerais que o problema de Sturm-Liouville e mesmo problemas de ordem superior à 2ª,

$$L[y]=a_n(t)\,y^{(n)}(t)+a_{n-1}(t)\,y^{(n-1)}(t)+\ldots+a_1(t)\,y'(t)+a_0(t)\,y(t)=f(t),$$

onde $f, a_j\in C([a,b])$ e $a_n(t)\neq 0$ para todo $t\in[a,b]$, com condições de fronteira

$$F_i[y]=\sum_{j=0}^{n-1}[\alpha_{ij}\,y^{(j)}(a)+\beta_{ij}\,y^{(j)}(b)]\quad(i=1,2,..,n),$$

onde $\alpha_{ij},\beta_{ij}\in\mathbb{C}$ (veja Capítulo III de [8] e também Capítulo IV de [14]).

6.1 Espaços com Produto Interno e Sistemas Ortogonais

Em espaços normados podemos adicionar vetores e multiplicar vetor por escalar. Além disso, a norma em tais espaços generaliza o conceito elementar de comprimento de um vetor no $\mathbb{R}^3$. Um outro conceito importante que existe no $\mathbb{R}^3$ é o produto escalar (se $v = (a_1, b_1, c_1)$ e $w = (a_2, b_2, c_2) \in \mathbb{R}^3$, então $v.w = a_1a_2 + b_1b_2 + c_1c_2$) que é usado para definir a condição de ortogonalidade ($v, w \in \mathbb{R}^3$ são ortogonais se $v.w = 0$). O conceito que generaliza o produto escalar é a definição de produto interno.

Os espaços com produto interno são espaços normados especiais. A teoria dos espaços com produto interno é muito rica e conserva muitas das características dos espaços euclidianos de dimensão finita, principalmente o conceito de ortogonalidade.

Definição 6.3 Seja E um espaço vetorial sobre um corpo $\mathbb{F}$ ($\mathbb{R}$ ou $\mathbb{C}$). Um *produto interno* sobre E é uma aplicação $\langle .,. \rangle : E \times E \to \mathbb{F}$ que tem as seguintes proriedades:
(1) para quaisquer $x, x_1, x_2, y, y_1, y_2 \in E$ e $\lambda \in \mathbb{F}$

$$\begin{aligned}
&\langle x_1 + x_2, y \rangle = \langle x_1, y \rangle + \langle x_2, y \rangle,\\
&\langle x, y_1 + y_2 \rangle = \langle x, y_1 \rangle + \langle x, y_2 \rangle,\\
&\langle \lambda\, x, y \rangle = \lambda\, \langle x, y \rangle,\\
&\langle x, \lambda\, y \rangle = \overline{\lambda}\, \langle x, y \rangle.
\end{aligned}$$

Se $\mathbb{F} = \mathbb{R}$ então $\overline{\lambda} = \lambda$, e se $\mathbb{F} = \mathbb{C}$ então $\overline{\lambda}$ denota o conjugado do número complexo λ (ou seja, se $\lambda = a + \mathrm{i}\, b$, então $\overline{\lambda} = a - \mathrm{i}\, b$).
(2) $\langle y, x \rangle = \overline{\langle x, y \rangle}$;
(3) $\langle x, x \rangle \geq 0$ para todo $x \in E$;
(4) $\langle x, x \rangle = 0$ se, e somente se, $x = 0$.

Um espaço vetorial E no qual está definido um produto interno $\langle .,. \rangle$ é chamado um *espaço pré-Hilbertiano.*[4] Todo espaço pré-Hilbertiano E é um espaço normado com a norma canônica $\|\, x\| = \sqrt{\langle x, x \rangle}$, ou seja, satisfaz as condições
(a) $\|x\| = 0$ se, e somente se, $x = 0$;

[4]David Hilbert (1862 - 1943)

(b) $\|\lambda x\| = |\lambda|\|x\|$, para todo $x \in \mathrm{E}$ e todo $\lambda \in \mathbb{F}$;
(c) $\|x+y\| \leq \|x\| + \|y\|$, para quaisquer $x, y \in \mathrm{E}$.

Exemplo 6.4 Sejam $x = (x_1, ..., x_n)$ e $y = (y_1, ..., y_n) \in \mathbb{R}^n$. Então

$$\langle x, y\rangle = x_1 y_1 + ... + x_n y_n$$

define um produto interno no $\mathbb{R}^n$.

Exemplo 6.5 Seja $C([a,b])$ o conjunto de todas as funções contínuas $f : [a,b] \to \mathbb{C}$. Se $f, g \in C([a,b])$ então

$$\langle f, g\rangle = \int_a^b f(t)\,\overline{g(t)}\,dt$$

define um produto interno em $C([a,b])$.

Teorema 6.6 (Desigualdade de Cauchy-Schwarz)[5] *Seja E um espaço vetorial com produto interno $\langle .,. \rangle$. Para quaisquer $x, y \in E$ temos*

$$|\langle x, y\rangle| \leq \|x\|\,\|y\|.$$

Demonstração Podemos escrever o número complexo $\langle x, y\rangle$ sob a forma

$$\langle x, y\rangle = \mathrm{e}^{\mathrm{i}\theta} |\langle x, y\rangle|,$$

e, portanto,

$$\langle y, x\rangle = \overline{\langle x, y\rangle} = \mathrm{e}^{-\mathrm{i}\theta} |\langle x, y\rangle|.$$

Para todo $\lambda \in \mathbb{C}$ temos

$$\begin{aligned}
0 &\leq \langle \lambda x + \mathrm{e}^{\mathrm{i}\theta} y, \lambda x + \mathrm{e}^{\mathrm{i}\theta} y\rangle \\
&= \lambda \overline{\lambda} \langle x, x\rangle + \lambda \mathrm{e}^{-\mathrm{i}\theta} \langle x, y\rangle + \overline{\lambda} \mathrm{e}^{\mathrm{i}\theta} \langle y, x\rangle + \mathrm{e}^{\mathrm{i}\theta} \mathrm{e}^{-\mathrm{i}\theta} \langle y, y\rangle \\
&= \lambda \overline{\lambda} \|x\|^2 + \lambda |\langle x, y\rangle| + \overline{\lambda} |\langle x, y\rangle| + \|y\|^2 \\
&= |\lambda|^2 \|x\|^2 + 2\,\mathrm{Re}(\lambda)\, |\langle x, y\rangle| + \|y\|^2.
\end{aligned}$$

Para $\lambda \in \mathbb{R}$ obtemos

$$q(\lambda) = \lambda^2 \|x\|^2 + 2\lambda |\langle x, y\rangle| + \|y\|^2 \geq 0, \text{ para todo } \lambda \in \mathbb{R}.$$

[5]Augustin - Louis Cauchy (1789 - 1857), Hermann Amandus Schwarz (1843 - 1921)

Isto implica que a equação $q(\lambda) = 0$ possui no máximo uma solução real λ. Logo, $4\,|\langle x, y\rangle|^2 - 4\,\|x\|^2\,\|y\|^2 \le 0$, ou seja, $|\langle x, y\rangle| \le \|x\|\,\|y\|$.

$\square$

Observação 6.7 Por uma base em um espaço vetorial E (de dimensão finita) entendemos como uma família linearmente independente $\mathcal{B} = \{v_1, ..., v_n\}$ de vetores de E tal que para todo $v \in$ E pode ser escrito de forma única como combinação linear de $v_1, ..., v_n$, ou seja, $v = \sum_{j=1}^{n} \lambda_j v_j$, onde $v_j \in \mathcal{B}$ e λ_j são escalares. Em espaços com produto interno (que não são de dimensão finita), as bases ortonormais são de grande importância. No lugar de combinações finitas $\sum_{j=1}^{n} \lambda_j v_j$, somas infinitas são permitidas e a condição de linearmente independente é substituída pela condição de ortogonalidade.

Definição 6.8 (a) Seja E um espaço com produto interno $\langle ., . \rangle$. Uma família $\mathbb{F}$ de vetores não nulos em E é chamada um *sistema ortogonal* se $\langle x, y\rangle = 0$ para quaisquer dois elementos distintos x e y de $\mathbb{F}$. Se, além disso, $\|x\| = \sqrt{\langle x, x\rangle} = 1$ para todo $x \in \mathbb{F}$, então $\mathbb{F}$ é chamado um *sistema ortonormal*.

(b) Um sistema ortonormal $\{x_\alpha : \alpha \in J\}$ (J um conjunto de índices) de um espaço com produto interno E é *completo* se para todo $x \in E$ temos $x = \sum_{\alpha \in J} \lambda_\alpha x_\alpha$ (onde λ_α são escalares).

Uma condição equivalente a (b) é a de que o conjunto das combinações lineares finitas dos x_α seja denso em E, isto é, dado $x \in E$ e $\varepsilon > 0$, existe uma combinação linear finita $\sum_{\alpha \in F} \lambda_\alpha x_\alpha$ tal que $\left\|x - \sum_{\alpha \in F} \lambda_\alpha x_\alpha\right\| < \varepsilon$ (veja Teorema 4.6, Capítulo II de [7] ou [2]).

O sistema ortonormal completo $\{x_\alpha : \alpha \in J\}$ é também chamado base *pré-Hilbertiana*.

Todo sistema ortogonal de vetores não nulos pode ser normalizado. Se S é um sistema ortogonal, então $S_1 = \left\{\dfrac{x}{\|x\|} : x \in S\right\}$ é um sistema ortonormal. Temos que S e S_1 são equivalentes no sentido que os espaços gerados por S e S_1 são o mesmo subespaço de E.

Observação 6.9 (a) Se V é um espaço de dimensão finita, com produto interno $\langle .,. \rangle$ e $\{e_1, e_2, ..., e_n\}$ uma base ortonormal. Então todo vetor $v \in V$ pode ser escrito de modo único sob a forma

$$v = \langle v, e_1 \rangle e_1 + \langle v, e_2 \rangle e_2 + ... + \langle v, e_n \rangle e_n.$$

(b) Seja E um espaço vetorial de dimensão infinita, com produto interno $\langle .,. \rangle$ e $\{e_1, e_2, e_3, ...\}$ um conjunto ortonormal infinito (enumerável). Para todo elemento $x \in E$ podemos construir a série $\sum_{k=1}^{\infty} \langle x, e_k \rangle e_k$. Entretanto, na ausência de informações mais amplas, não existe, nenhuma razão a priori para supor que esta série convirja, e muito menos que convirja para x. Usamos a notação $x \sim \sum_{k=1}^{\infty} \langle x, e_k \rangle e_k$ para ressaltar que a série em questão poderá não convergir para x. É claro que, se converge, escrevemos $x = \sum_{k=1}^{\infty} \langle x, e_k \rangle e_k$. Os coeficientes $\langle x, e_k \rangle$ são chamados de coeficientes de Fourier[6] generalizados de x com relação ao conjunto ortonormal $\{e_1, e_2, e_3, ...\}$ e a série $\sum_{k=1}^{\infty} \langle x, e_k \rangle e_k$ é chamada série de Fourier generalizada de x.

Exemplo 6.10 As autofunções (do Exemplo 6.1) $y_k(t) = \text{sen}(k\,t)$ $(k \in \mathbb{N})$ formam um sistema ortogonal em $C([0, \pi], \mathbb{R})$ com relação ao produto interno $\langle f, g \rangle = \int_0^{\pi} f(t)\, g(t)\, dt$. De fato, temos

$$\langle y_k, y_k \rangle = \int_0^{\pi} \text{sen}^2(k\,t)\, dt = \frac{\pi}{2},$$

e para $m \neq n$ temos

[6] Jean Baptiste Joseph Fourier (1768 - 1830)

$$\begin{aligned}\langle y_n, y_m\rangle &= \int_0^\pi \operatorname{sen}(n\,t)\operatorname{sen}(m\,t)\,dt\\ &= \int_0^\pi \frac{\cos((m-n)t)-\cos((n+m)t)}{2}\,dt\\ &= \frac{1}{2}\left(\frac{\operatorname{sen}((n-m)t)}{n-m}-\frac{\operatorname{sen}((n+m)t)}{n+m}\right)\Big|_0^\pi = 0.\end{aligned}$$

As funções $\varphi_k(t) = \dfrac{y_k(t)}{\|\, y_k(t)\,\|} = \sqrt{\dfrac{2}{\pi}}\operatorname{sen}(k\,t)$ $(k = 1, 2, 3, ...)$ formam um sistema ortonormal em $C([0,\pi],\mathbb{R})$.

6.2 Espaços de Funções

Neste capítulo vamos utilizar os seguintes espaços de funções.

(i) $C([a,b],\mathbb{R})$ denota o conjunto das funções contínuas $f : [a,b] \to \mathbb{R}$.

(ii) $C([a,b])$ denota o conjunto das funções contínuas $f : [a,b] \to \mathbb{C}$.

(iii) Considere $m \in \mathbb{N}$. Denotaremos por $C^m([a,b])$ (respectivamente, $C^m([a,b],\mathbb{R})$) o conjunto das funções definidas em $[a,b]$ e a valores complexos (respectivamente, valores reais) que são m vezes continuamente diferenciáveis. Se $f \in C^m([a,b])$, então

$$\|f\|_{C^m([a,b])} = \sup_{0\le j\le m} \|\, f^{(j)}\|,$$

é uma norma em $C^m([a,b])$, onde $\|f^{(j)}\| = \sup\limits_{t\,\in\,[a,b]} |f^{(j)}(t)|$.

Se $f, g \in C^m([a,b])$ então

$$\langle f, g\rangle = \int_a^b \left(f(t)\,\overline{g(t)} + f'(t)\,\overline{g'(t)} + ... + f^{(m)}(t)\,\overline{g^{(m)}(t)}\right) dt$$

é um produto interno em $C^m([a,b])$, e $\|f\| = \sqrt{\langle f, f\rangle}$ a norma canônica.

(iv) Seja $\omega : [a,b] \to \mathbb{R}$ uma função positiva ($\omega(t) > 0$ para todo $t \in [a,b]$). Denotaremos por $C_{L^2(\omega)}([a,b])$ o espaço vetorial $C([a,b])$ munido do produto interno

$$\langle f, g\rangle_\omega = \int_a^b f(t)\,\overline{g(t)}\,\omega(t)\,dt,$$

e $\|f\|_\omega = \sqrt{\langle f, f\rangle_\omega}$ é a norma correspondente.

6.3 O Problema de Sturm-Liouville

Considere o operador diferencial linear de segunda ordem

$$L_\lambda[y] = -(p(t)\,y'(t))' + (q(t) - \lambda\,\omega(t))\,y(t)$$

no intervalo $[a,b]$, onde a função $p \in C^1([a,b],\mathbb{R})$, $p(t) > 0$ em $[a,b]$, $\omega \in C([a,b],\mathbb{R})$ com $\omega(t) > 0$ para todo $t \in [a,b]$ e $q \in C([a,b],\mathbb{R})$, com as condições de fronteira

$$F_1[y] = \alpha_0\,y(a) + \alpha_1\,y'(a),$$
$$F_2[y] = \beta_0\,y(b) + \beta_1\,y'(b),$$

onde $\alpha_0, \alpha_1, \beta_0, \beta_1 \in \mathbb{R}$, com $|\alpha_0| + |\alpha_1| \neq 0$ e $|\beta_0| + |\beta_1| \neq 0$.

Dada uma função $f \in C([a,b])$, o problema de Sturm-Liouville (regular) consiste em determinar uma função $y = y(t)$ solução do sistema

$$(P)\begin{cases} (S_\lambda) \quad L_\lambda[y](t) = f(t), \ \text{para } t \in [a,b], \\ (F) \quad F_1[y] = 0, \ F_2[y] = 0. \end{cases}$$

Os exemplos mais comuns de condição de fronteira são

$$y(a) = y(b) = 0 \ \text{ e } \ y'(a) = y'(b) = 0.$$

Observação 6.11 (1) Se o problema de Sturm-Liouville (P) possui solução para toda função $f \in C([a,b])$, então também tem solução o problema

$$(P1)\begin{cases} L_\lambda[y] = f, \\ F_1[y] = c_1, \\ F_2[y] = c_2. \end{cases}$$

De fato, seja $y_0 \in C^2([a,b])$ uma função tal que $F_1[y_0] = c_1$ e $F_2[y_0] = c_2$. Então $y(t) = z(t) + y_0(t)$ é solução do problema $(P1)$, onde $z = z(t)$ é solução do problema

$$\begin{aligned} L_\lambda[z] &= f - L_\lambda[y_0], \\ F_1[z] &= 0, \\ F_2[z] &= 0. \end{aligned}$$

(2) Dada uma equação diferencial linear de segunda ordem

$$-a_2(t)\,y''(t) + a_1(t)\,y'(t) + (a_0(t) - \lambda\,\mu(t))\,y(t) = g(t),$$

onde $a_2 \in C([a,b],\mathbb{R})$, $a_2(t) > 0$ para $t \in [a,b]$, $\mu \in C([a,b],\mathbb{R})$ com $\mu(t) > 0$ para $t \in [a,b]$ e $a_0, a_1 \in C([a,b];\mathbb{R})$, se multiplicarmos todos os seus termos pela função

$$\frac{1}{a_2(t)}\,p(t) = \frac{1}{a_2(t)}\exp\left(-\int^t \frac{a_1(s)}{a_2(s)}\,ds\right),$$

obtemos uma equação da forma (S_λ)

$$-(p(t)\,y'(t))' + (q(t) - \lambda\,\omega(t))\,y(t) = f(t),$$

onde $q(t) = \dfrac{p(t)\,a_0(t)}{a_2(t)}$, $\omega(t) = \dfrac{p(t)\,\mu(t)}{a_2(t)}$ e $f(t) = \dfrac{p(t)\,g(t)}{a_2(t)}$.

Definição 6.12 Dizemos que $\lambda \in \mathbb{C}$ é um autovalor do sistema (S_λ), (F) ou do problema se Sturm-Liouville regular (P), se a equação homogênea

$$L_\lambda[y] = 0,$$

tem uma solução $y(t) \not\equiv 0$ (ou seja, solução não trivial) que satisfaz as condições de fronteira (F). A solução $y = y(t)$ é chamada autofunção (correspondente ao autovalor λ).

Observe que se $L_\lambda[y] = -(p(t)\,y'(t))' + q(t)\,y(t) - \lambda\,\omega(t)\,y(t) = 0$ então

$$L_0[y] = -(p(t)\,y'(t))' + q(t)\,y(t) = \lambda\,\omega(t)\,y(t).$$

Exemplo 6.13 Considere o problema de Sturm-Liouville

$$\begin{aligned} &y''(t) + \lambda\,y(t) = 0,\\ &y'(0) = y'(\pi) = 0. \end{aligned}$$

Para $\lambda < 0$ o problema só admite solução trivial ($y(t) \equiv 0$). Para $\lambda = 0$, temos que $y(t) = 1$ é solução. Agora para $\lambda > 0$ a solução geral da equação $y''(t) + \lambda\,y(t) = 0$ é da forma

$$y(t) = C_1\operatorname{sen}(\sqrt{\lambda}\,t) + C_2\cos(\sqrt{\lambda}\,t).$$

Usando as condições $y'(0) = 0$ e $y'(\pi) = 0$ obtemos

$$\begin{aligned} &C_1\sqrt{\lambda} = 0,\\ &C_1\sqrt{\lambda}\cos(\sqrt{\lambda}\,\pi) - C_2\sqrt{\lambda}\operatorname{sen}(\sqrt{\lambda}\,\pi) = 0. \end{aligned}$$

Logo, $C_1 = 0$ e $C_2\sqrt{\lambda}\operatorname{sen}(\sqrt{\lambda}\,\pi) = 0$. Se $C_2 = 0$ então $y(t) = 0$. Para $C_2 \neq 0$ então $\operatorname{sen}(\sqrt{\lambda}\,\pi) = 0$. Logo, $\sqrt{\lambda}\pi = k\,\pi$, $k = 1, 2, \ldots$. Com isso $\lambda_k = k^2$ são os autovalores e $y_k(t) = \cos(k\,t)$ são as autofunções.

Com o produto interno $\langle f, g\rangle = \displaystyle\int_0^\pi f(t)\,\overline{g(t)}\,dt$ em $C([0,\pi])$ as autofunções $y_k(t) = \cos(k\,t)$ $(k = 1, 2, \ldots)$ formam um conjunto ortogonal, pois

$$\langle y_k, y_k\rangle = \int_0^\pi \cos^2(k\,t)\,dt = \frac{\pi}{2},$$

e para $k \neq m$, temos

$$\begin{aligned} \langle y_k, y_m\rangle &= \int_0^\pi \cos(k\,t)\cos(m\,t)\,dt\\ &= \frac{1}{2}\int_0^\pi [\cos(k+m)\,t + \cos(k-m)\,t]\,dt\\ &= \frac{1}{2}\left[\frac{\operatorname{sen}(k+m)t}{k+m} + \frac{\operatorname{sen}(k-m)t}{k-m}\Bigg|_0^\pi\right] = 0. \end{aligned}$$

As funções $\varphi_k(t) = \dfrac{y_k(t)}{\|y_k(t)\|} = \sqrt{\dfrac{2}{\pi}}\cos(k\,t)$ $(k = 1, 2, ...)$ formam um conjunto ortonormal em $C([0, \pi])$.

Exemplo 6.14 Considere o problema de Sturm-Liouville

$$y''(t) + \lambda\, y(t) = 0, \text{ para } t \in [0, \pi],$$
$$y(0) = 0 \text{ e } y(\pi) + y'(\pi) = 0.$$

Novamente não existe solução não trivial se $\lambda \leq 0$. Para $\lambda > 0$ a solução geral é dada por $y(t) = C_1 \operatorname{sen}(\sqrt{\lambda}\, t) + C_2 \cos(\sqrt{\lambda}\, t)$. Usando que $y(0) = 0$ obtemos $C_2 = 0$. E usando a segunda condição $y(\pi) + y'(\pi) = 0$ obtemos $C_1 \operatorname{sen}(\sqrt{\lambda}\, \pi) + C_1 \sqrt{\lambda} \cos(\sqrt{\lambda}\, \pi) = 0$. Para $C_1 \neq 0$ obtemos

$$\operatorname{tg}(\sqrt{\lambda}\, \pi) = -\sqrt{\lambda}.$$

Denotando $\mu = \sqrt{\lambda}\, \pi$, então $\operatorname{tg}(\mu) = -\dfrac{\mu}{\pi}$. Os autovalores λ_n não podem ser dados analiticamente, mas atráves das raízes de uma equação transcendental, que pode ser resolvida numericamente. Os autovalores λ_n satisfazem

$$\lambda_n = \frac{\mu_n^2}{\pi^2} \text{ e } \operatorname{tg}(\mu_n) = -\frac{\mu_n}{\pi}.$$

As soluções de $\operatorname{tg}(\mu) = -\mu/\pi$ podem ser visualizadas como os pontos de interseção dos gráficos das funções $y = \operatorname{tg}(x)$ e $y = -x/\pi$. Esta equação possui infinitas soluções. As respectivas autofunções são dados por $y_n(t) = \operatorname{sen}(\mu_n/\pi)\, t = \operatorname{sen}(\sqrt{\lambda_n}\, t)$.

Exemplo 6.15 Considere a equação de Euler

$$t^2\, y''(t) + t\, y'(t) + \lambda^2\, y(t) = 0$$

no intervalo $t \in [1, \mathrm{e}]$, e com as condições $y(1) = 0$ e $y(\mathrm{e}) = 0$. Podemos escrever a equação diferencial na forma

$$\frac{d}{dt}\left[t\, y'(t)\right] + \frac{\lambda^2}{t}\, y(t) = 0.$$

Para $\lambda = 0$ o problema só admite a solução trivial. Para $\lambda \neq 0$, a solução geral da equação é dada por $y(t) = C_1 \cos(\lambda \ln(t)) + C_2 \operatorname{sen}(\lambda \ln(t))$, com $\lambda > 0$. Usando que $y(1) = 0$ obtemos $C_1 = 0$, e a condição $y(\mathrm{e}) = 0$

implica que $C_2 \operatorname{sen}(\lambda) = 0$. Se $C_2 = 0$ temos a solução trivial. Para obter soluções não triviais devemos considerar $C_2 \neq 0$ e $\operatorname{sen}(\lambda) = 0$, ou seja, os autovalores são $\lambda_n = n\,\pi$ $(n = 1, 2, 3, ...)$. Com isso, as autofunções são $y_n(t) = \operatorname{sen}(n\,\pi \ln(t))$. □

Vamos agora apresentar alguns resultados fundamentais sobre os problemas de Sturm-Liouville regulares. Provaremos que os autovalores são simples, que são reais, que as autofunções podem ser escolhidas reais e que as mesmas satisfazem importantes relações denominadas *relações de ortogonalidade.*

Teorema 6.16 *Seja* $L_0[y] = -(p(t)\,y'(t))' + q(t)\,y(t)$ *em* $[a, b]$. *Dadas duas funções* $u, v \in C^2([a, b])$ *então vale a identidade de Lagrange*[7]

$$\int_a^b (\overline{v}\,L_0[u] - u\,\overline{L_0[v]})\,dt = M[u, v](b) - M[u, v](a),$$

onde $M[u, v](t) = -p(t)\,(u'(t)\,\overline{v(t)} - u(t)\,\overline{v'(t)})$.

Demonstração Como $q(t) = \overline{q(t)}$ (pois $q \in C([a, b], \mathbb{R})$), temos

$$\begin{aligned}
&\overline{v(t)}\,L_0[u] - u(t)\,\overline{L_0[v]}\\
&= \overline{v(t)}\,(-(p(t)\,u'(t))' + q(t)\,u(t)) - u(t)(-(\overline{p(t)}\,\overline{v'(t)})' + \overline{q(t)}\,\overline{v(t)})\\
&= -\,\overline{v(t)}\,(p(t)\,u'(t))' + \overline{v(t)}\,q(t)\,u(t)\\
&+\,u(t)\,(\overline{p(t)}\,\overline{v'(t)})' - \overline{q(t)}\,u(t)\,\overline{v(t)}\\
&= -\,\overline{v(t)}\,(p(t)\,u'(t))' + u(t)\,(\overline{p(t)}\,\overline{v'(t)})'.
\end{aligned}$$

Logo, usando integração por partes, obtemos

$$\begin{aligned}
&\int_a^b (\overline{v}\,L_0[u] - u\,\overline{L_0[v]})\,dt = -\int_a^b (\overline{v}\,(p\,u')' - u\,(\overline{p\,v'})')\,dt\\
&= -(\overline{v}\,(p\,u') - u\,(\overline{p\,v'}))\Big|_a^b + \int_a^b [\overline{v'}\,(p\,u') - u'\,(p\,\overline{v'})]\,dt\\
&= -\,p(b)[u'(b)\,\overline{v(b)} - u(b)\,\overline{v'(b)}] + p(a)\,[u'(a)\,\overline{v(a)} - u(a)\,\overline{v'(a)}]\\
&= M[u, v](b) - M[u, v](a).
\end{aligned}$$

□

[7] Joseph-Louis Lagrange (1736 - 1813)

Teorema 6.17 *Sejam* $y_1, y_2 \in C^2([a,b])$ *satisfazendo as condições de fronteira* (F). *Então*

$$(i)\ M[y_1,y_2](a) = M[y_1,y_2](b) = 0,$$
$$(ii)\ \int_a^b (\overline{y_1(t)}\, L_0[y_2] - y_2(t)\,\overline{L_0[y_1]})\, dt = 0.$$

Demonstração (i) Como y_1 e y_2 satisfazem a condição $[F_1]$, então o sistema

$$\begin{cases} \alpha_0\, y_1(a) + \alpha_1\, y_1'(a) = 0 \\ \alpha_0\, \overline{y_2(a)} + \alpha_1\, \overline{y_2'(a)} = 0 \end{cases}$$

tem solução não trivial $(\alpha_0, \alpha_1) \neq (0,0)$. Logo,

$$W[y_1, \overline{y_2}](a) = \begin{vmatrix} y_1(a) & y_1'(a) \\ \overline{y_2(a)} & \overline{y_2'(a)} \end{vmatrix} = 0.$$

Com isso, temos $M[y_1,y_2](a) = -\,p(a)(y_1'(a)\,\overline{y_2(a)} - y_1(a)\,\overline{y_2'(a)}) = 0$. Analogamente, usando a condição $[F2]$ obtemos $M[y_1,y_2](b) = 0$.

(ii) Usando o Teorema 6.16 e o item *(i)*, obtemos

$$\int_a^b (\overline{y_1(t)}\, L_0[y_2] - y_2(t)\,\overline{L_0[y_1]})\, dt = M[y_1,y_2](b) - M[y_1,y_2](a) = 0.$$

Observe que por (ii), se y_1 e y_2 são autofunções (correspondentes a autovalores λ_1 e λ_2) então

$$\begin{aligned} \langle L_0[y_1], y_2\rangle - \langle y_1, L_0[y_2]\rangle &= \int_a^b \overline{y_2(t)}\, L_0[y_1](t)\, dt - \int_a^b y_1(t)\,\overline{L_0[y_2](t)}\, dt \\ &= 0, \end{aligned}$$

ou seja, $\langle L_0[y_1], y_2\rangle = \langle y_1, L_0[y_2]\rangle$. Portanto, o operador L_0 é simétrico no subconjunto $\mathbb{S}$ das funções em $C^2([a,b])$ que satisfazem as condições de fronteira (F).

□

Teorema 6.18 *Todos os autovalores do problema de Sturm-Liouville são reais.*

Demonstração Se λ é um autovalor, então

$$\begin{aligned} 0 = L_\lambda[y] &= -(p(t)\,y'(t))' + (q(t) - \lambda\,\omega(t))\,y(t) \\ &= -(p(t)\,y'(t))' + q(t)\,y(t) - \lambda\,\omega(t)\,y(t) \\ &= L_0[y] - \lambda\,\omega(t)\,y(t). \end{aligned}$$

Logo, $L_0[y] = \lambda\,\omega(t)\,y(t)$. Então $L_0[\overline{y}] = \overline{\lambda}\,\omega(t)\,\overline{y(t)}$. Pelo Teorema 6.17(ii), obtemos

$$\begin{aligned} 0 &= \int_a^b (\overline{y}\,L_0[y] - y\,L_0[\overline{y}])\,dt \\ &= \int_a^b (\overline{y(t)}\,\lambda\,\omega(t)\,y(t) - y(t)\,\overline{\lambda}\,\omega(t)\,\overline{y(t)})\,dt \\ &= \int_a^b (\lambda - \overline{\lambda})\,\overline{y(t)}\,\omega(t)\,y(t)\,dt \\ &= (\lambda - \overline{\lambda}) \int_a^b |\,y(t)|^2 \omega(t)\,dt. \end{aligned}$$

Como $y(t) \not\equiv 0$, temos, portanto, $\lambda = \overline{\lambda}$, ou seja, $\lambda \in \mathbb{R}$. □

Teorema 6.19 *Sejam λ_1 e λ_2 dois autovalores distintos do problema de Sturm-Liouville. Então as autofunções correspondentes a λ_1 e λ_2 são ortogonais relativamente a ω, ou seja, se $L_0[y_1] = \lambda_1\,y_1\,\omega$ e $L_0[y_2] = \lambda_2\,y_2\,\omega$ (com $\lambda_1 \neq \lambda_2$) temos*

$$\langle y_1, y_2 \rangle_\omega = \int_a^b y_1(t)\,\overline{y_2(t)}\,\omega(t)\,dt = 0.$$

Demonstração Pelo Teorema 6.18 temos que λ_1 e λ_2 são reais. Logo, usando o Teorema 6.17(ii), obtemos

$$
\begin{aligned}
0 &= \int_a^b (\overline{y_2}\, L_0[y_1] - y_1\, L_0[\overline{y_2}])\, dt \\
&= \int_a^b (\overline{y_2(t)}\, \lambda_1\, y_1(t)\, \omega(t) - y_1(t)\, \lambda_2\, \overline{y_2(t)}\, \omega(t))\, dt \\
&= (\lambda_1 - \lambda_2) \int_a^b y_1(t)\, \overline{y_2(t)}\, \omega(t)\, dt.
\end{aligned}
$$

Como $\lambda_1 \neq \lambda_2$, então $\displaystyle\int_a^b y_1(t)\, \overline{y_2(t)}\, \omega(t)\, dt = 0$. □

Teorema 6.20 *Toda autofunção do problema de Sturm-Liouville é combinação linear de autofunções reais.*

Demonstração Se $L_0[y] = \lambda\, \omega\, y$, então $L_0[\overline{y}] = \overline{\lambda}\, \omega\, \overline{y} = \lambda\, \omega\, \overline{y}$ (pelo Teorema 6.18). Logo podemos escrever

$$
y(t) = \frac{1}{2}\,(y(t) + \overline{y(t)}) + \frac{\mathrm{i}}{2}\,(\mathrm{i}\,\overline{y(t)} - \mathrm{i}\, y(t)) = y_1(t) + \mathrm{i}\, y_2(t),
$$

onde $y_1(t) = \dfrac{y(t) + \overline{y(t)}}{2} = Re(y(t))$ e $y_2(t) = \dfrac{\mathrm{i}\,\overline{y(t)} - \mathrm{i}\, y(t)}{2} = Im(y(t))$. Com isso temos

$$
\begin{aligned}
L_0[y_1] = L_0[(y + \overline{y})/2] &= \frac{1}{2}\,(\lambda\, \omega\, y + \lambda\, \omega\, \overline{y}) \\
&= \frac{1}{2}\, \lambda\, \omega\, (y + \overline{y}) \\
&= \lambda\, \omega\, y_1,
\end{aligned}
$$

e também

$$
\begin{aligned}
L_0[y_2] &= L_0[(\mathrm{i}\,\overline{y} - \mathrm{i}\, y)/2] \\
&= \frac{\mathrm{i}}{2}\,(\lambda\, \omega\, \overline{y} - \lambda\, \omega\, y) \\
&= \lambda\, \omega\, y_2.
\end{aligned}
$$

Portanto, as funções y_1 e y_2 são autofunções reais. □

Com o resultado do Teorema 6.20, consideraremos agora apenas as autofunções de problemas de Sturm-Liouville regulares como sendo funções reais.

Para o próximo resultado, vamos usar que o espaço $C_{L^2(\omega)}([a,b])$ é separável, ou seja, existe um subconjunto $E \subset C_{L^2(\omega)}([a,b])$ que é enumerável e denso, ou seja, $\overline{E} = C_{L^2(\omega)}([a,b])$ (veja [7]).

Teorema 6.21 *Os autovalores do problema de Sturm-Liouvile formam um conjunto enumerável.*

Demonstração Pelo Teorema 6.19, aos autovalores corresponde um sistema ortonormal de $C_{L^2(\omega)}([a,b])$, e como esse espaço é separável, então o sistema ortonormal é necessariamente enumerável. Seja então $\{\lambda_n\}$ a sequência de autovalores do problema de Sturm-Liouville e $\{\varphi_n\}$ o sistema ortonormal de autofunções correspondentes. Admitindo que as funções φ_n formam uma base ortonormal de $C_{L^2(\omega)}([a,b])$, então podemos resolver formalmente o problema de Sturm-Liouville

$$\begin{aligned} L_0[y] &= \lambda\,\omega\,y + f, \\ F_1[y] &= 0 \\ F_2[y] &= 0. \end{aligned}$$

De fato, seja $y(t) = \sum_{n=1}^{\infty} c_n\,\varphi_n(t)$, onde os coeficientes são dados por

$$c_n = \langle y, \varphi_n \rangle_\omega = \int_a^b y(t)\,\overline{\varphi_n(t)}\,\omega(t)\,dt.$$

Então, temos $L_0[y] = \sum_{n=1}^{\infty} c_n\,L_0[\varphi_n] = \sum_{n=1}^{\infty} c_n \lambda_n\,\omega(t)\,\varphi_n(t)$. Portanto, $L_0[y] - \lambda\,\omega\,y = f$ implica (usando que $L_0[\varphi_n] = \lambda_n\,\omega\,\varphi_n$),

$$\begin{aligned} \sum_{n=1}^{\infty} c_n\,\lambda_n\,\omega(t)\,\varphi_n(t) &= L_0[y] \\ &= \lambda\,\omega(t)\,y(t) + f(t) \\ &= \lambda\,\omega(t) \sum_{n=1}^{\infty} c_n\,\varphi_n(t) + f(t), \end{aligned}$$

e com isso, obtemos

$$\begin{aligned}
&\omega(t) \sum_{n=1}^{\infty} (\lambda_n - \lambda)\, c_n\, \varphi_n(t) \\
&= \sum_{n=1}^{\infty} c_n\, \lambda_n\, \omega(t)\, \varphi_n(t) - \sum_{n=1}^{\infty} \lambda\, \omega(t)\, c_n\, \varphi_n(t) \\
&= f(t) = \omega(t)\, \frac{f(t)}{\omega(t)} \\
&= \omega(t) \sum_{n=1}^{\infty} \langle \frac{f}{\omega}, \varphi_n \rangle_\omega\, \varphi_n(t) \text{ (usando que } \frac{f(t)}{\omega(t)} = \sum_{n=1}^{\infty} \langle \frac{f}{\omega}, \varphi_n \rangle_\omega\, \varphi_n(t)) \\
&= \omega(t) \sum_{n=1}^{\infty} \langle f, \varphi_n \rangle\, \varphi_n(t),
\end{aligned}$$

pois $\langle \frac{f}{\omega}, \varphi_n \rangle_\omega = \int_a^b \frac{f(t)}{\omega(t)}\, \varphi_n(t)\, \omega(t)\, dt = \int_a^b f(t)\, \varphi_n(t)\, dt = \langle f, \varphi_n \rangle$.

Portanto, $(\lambda_n - \lambda)\, c_n = \langle f, \varphi_n \rangle$, ou seja, $c_n = \dfrac{\langle f, \varphi_n \rangle}{\lambda_n - \lambda}$. Com isso obtemos que

$$y(t) = \sum_{n=1}^{\infty} \frac{\langle f, \varphi_n \rangle}{\lambda_n - \lambda}\, \varphi_n(t), \tag{6.9}$$

se $\lambda \neq \lambda_n$ para todo n. □

O sistema ortonormal de autofunções para o problema de Sturm-Liouville é uma base ortonormal e quando $\lambda \neq \lambda_n$, o problema de Sturm-Liouville tem solução y dada pela fórmula (6.9), sendo essa série convergente não apenas em $C_{L^2(\omega)}([a, b])$, mas uniformemente e absolutamente (veja o Teorema 6.28).

Observação 6.22 Dada uma equação diferencial linear de ordem n

$$a_n(t)\, y^{(n)}(t) + a_{n-1}(t)\, y^{(n-1)}(t) + ... + a_1(t)\, y'(t) + a_0(t)\, y(t) = 0, \tag{6.10}$$

onde $a_i \in C([a, b])$, $i = 0, 1, ..., n$, e $a_n(t) \neq 0$ para todo $t \in [a, b]$, o conjunto das funções $y \in C^n([a, b])$ que são soluções da equação (6.10) formam um espaço vetorial E_0 de dimensão n. Temos que $y_1, y_2, ..., y_n \in E_0$

formam uma base de E_0 se, e somente se, o *determinante wronskiano*[8]

$$W(t) = W[y_1, ..., y_n](t) = \begin{bmatrix} y_1(t) & y_2(t) & \cdots & y_n(t) \\ y_1'(t) & y_2'(t) & \cdots & y_n'(t) \\ \vdots & \vdots & \ddots & \vdots \\ y_1^{(n-1)}(t) & y_2^{(n-1)}(t) & \cdots & y_n^{(n-1)}(t) \end{bmatrix}$$

é diferente de zero em todo $t \in [a, b]$. Agora, fixado $t_0 \in [a, b]$ temos, pela Fórmula de Abel[9] (veja Teorema 3.6, Capítulo 3 de [9])

$$W(t) = W(t_0) \exp\left(- \int_{t_0}^{t} \frac{a_{n-1}(s)}{a_n(s)}\, ds \right), \text{ para todo } t \in [a, b].$$

$\square$

Teorema 6.23 *Todo autovalor do problema de Sturm-Liouville tem multiplicidade 1, isto é, o espaço vetorial das autofunções correspondentes tem dimensão 1.*

Demonstração Sejam $y_1 = y_1(t)$ e $y_2 = y_2(t)$ duas soluções linearmente independentes de $L_\lambda[y] = 0$ e satisfazendo as condições de fronteira $F_1[y] = F_2[y] = 0$. Considerando o wronskiano

$$W(t) = W[y_1, y_2](t) = \begin{vmatrix} y_1(t) & y_2(t) \\ y_1'(t) & y_2'(t) \end{vmatrix},$$

temos que $W[y_1, y_2](t) \neq 0$ para todo $t \in [a, b]$ e, usando a Fórmula de Abel, obtemos

$$\begin{aligned} W(t) &= W(a)\, e^{-\int_a^t p'(s)/p(s)\, ds} \\ &= W(a)\, e^{-\ln(p(t)) + \ln(p(a))} \\ &= \frac{W(a)\, p(a)}{p(t)}. \end{aligned}$$

Logo, $p(t)\, W(t) = p(a) W(a)$ (ou seja, $p(t)\, W[y_1, y_2](t) = \text{constante}$). Por outro lado, como

[8]Conde Josef Hoëné de Wronski (1778 - 1853)
[9]Niels Henrik Abel (1802 - 1829)

$$F_1[y_1] = \alpha_0\, y_1(a) + \alpha_1\, y_1'(a) = 0,$$
$$F_1[y_2] = \alpha_0\, y_2(a) + \alpha_1\, y_2'(a) = 0,$$

e como $|\,\alpha_1| + |\,\alpha_2| \neq 0$, então

$$\begin{vmatrix} y_1(a) & y_1'(a) \\ y_2(a) & y_2'(a) \end{vmatrix} = 0,$$

isto é, $W(a) = 0$. Logo, $W[y_1, y_2] \equiv 0$ (pois $p(t) > 0$), contra a hipótese de independência linear de y_1 e y_2. Portanto, se y_1 e y_2 são autofunções correspondentes ao mesmo autovalor λ então existe uma constante C tal que $y_2(t) = C\, y_1(t)$.

□

Teorema 6.24 *Existe $C_0 \in \mathbb{R}$ tal que, para $\lambda \in \mathbb{R}$ autovalor do problema de Sturm-Liouville, temos $\lambda \geq C_0$.*

Demonstração Seja $y = y(t)$ uma autofunção real correspondente ao autovalor λ (veja Teorema 6.20). Temos que $L_\lambda[y] = 0$. É suficiente demonstrar que existe $C_0 \leq 0$ tal que, para $\lambda < C_0$ e $y \in C^2([a,b], \mathbb{R})$ com $\|\,y\|_2 = 1$, temos sempre

$$\int_a^b L_\lambda[y](t)\, y(t)\, dt \;>\; 0,$$

isto é, $\displaystyle\int_a^b [-(p\,y')' + q\,y - \lambda\,\omega\,y]\, y\, dt > 0$. Usando integração por partes, obtemos

$$\int_a^b [-(p\,y')' + q\,y - \lambda\,\omega\,y]\, y\, dt$$
$$= -(p\,y')\,y\Big|_a^b + \int_a^b (y')^2\, p\, dt + \int_a^b q\, y^2\, dt - \lambda \int_a^b y^2\, \omega\, dt. \quad (6.11)$$

Provaremos inicialmente o teorema em três casos particulares, a saber:

(i) quando as condições de fronteira são $y(a) = y(b) = 0$;
(ii) quando as condições de fronteira são $y'(a) = y'(b) = 0$;

(iii) quando, nas condições de fronteira (F), temos $\alpha_0\,\alpha_1 \leq 0 \leq \beta_0\,\beta_1$.

Nos casos (i) e (ii) o primeiro termo do segundo membro de (6.11) é nulo. No caso (iii), podemos supor que $\alpha_1\,\beta_1 \neq 0$ (se não, o raciocínio é análogo) e então o primeiro termo do segundo membro de (6.11) é

$$p(a)\,y'(a)\,y(a) - p(b)\,y'(b)\,y(b) = -\,p(a)\,\frac{\alpha_0}{\alpha_1}\,y^2(a) + p(b)\,\frac{\beta_0}{\beta_1}\,y^2(b),$$

que é positivo, pois $\dfrac{\alpha_0}{\alpha_1} \leq 0$ e $\dfrac{\beta_0}{\beta_1} \geq 0$. Nos três casos, a soma dos dois últimos somandos de (6.11) é $\displaystyle\int_a^b (q(t) - \lambda\,\omega(t))\,y^2(t)\,dt$ e essa expressão é > 0 se para todo $t \in [a,b]$ temos $q(t) - \lambda\,\omega(t) > 0$. Como $\omega(t) > 0$ isso equivale a

$$\lambda < C_0 = \inf_{a \leq t \leq b} \frac{q(t)}{\omega(t)}.$$

Portanto, nos casos (i), (ii) e (iii) o segundo membro de (6.11) é > 0 para $\lambda < C_0$.

Para demonstrar o teorema no caso geral precisamos do seguinte resultado.

Lema 6.25 *Seja* $f \in C^1_{L^2}([a,b])$ *(ou seja, a sua derivada* f' *é contínua e* $\displaystyle\int_a^b |f'(t)|^2\,dt < \infty$*) . Para todo* $t \in [a,b]$ *temos*

$$|\,f(t)\,|^2 \leq \frac{1}{b-a}\,\|f\|_2^2 + 2\,\|f\|_2\|\,f'\|_2,$$

onde $\|\,f\|_2 = \left(\displaystyle\int_a^b |\,f(x)|^2\,dx\right)^{1/2}$.

Demonstração Seja $t_0 \in [a,b]$ o ponto de máximo de $|\,f(t)\,|$. Temos então, usando a desigualdade de Cauchy-Schwarz,

$$\begin{aligned}
|\,f(t_0)|^2 &= |\,f(t)|^2 + \int_t^{t_0} (f(s)\,\overline{f(s)})'\,ds \\
&= |\,f(t)|^2 + \int_t^{t_0} (f'(s)\,\overline{f(s)} + f(s)\,\overline{f'(s)})\,ds \\
&\leq |\,f(t)|^2 + 2\,\|f\|_2\,\|f'\|_2.
\end{aligned}$$

Agora integrando essa desigualdade (em $[a,b]$) obtemos

$$(b-a)\,|f(t_0)|^2 \leq \|f\|_2^2 + 2\,(b-a)\,\|f\|_2\,\|f'\|_2.$$

Logo, $|f(t)|^2 \leq |f(t_0)|^2 \leq \dfrac{1}{b-a}\,\|f\|_2^2 + 2\,\|f\|_2\,\|f'\|_2.$ □

Corolário 6.26 *Se* $f \in C^1_{L^2}([a,b])$ *com* $\|f\|_2 = 1$, *então para todo* $t \in [a,b]$ *temos*

$$|f(t)|^2 \leq \frac{1}{b-a} + 2\,\|f'\|_2.$$

Demonstração Imediata do Lema 6.25. □

Voltando para a demonstração do Teorema 6.24, em (6.11) temos

$$\int_a^b [-(p\,y')' + q\,y - \lambda\,\omega\,y]\,y\,dt$$
$$= -(p\,y')\,y\Big|_a^b + \int_a^b (y')^2\,p\,dt + \int_a^b q\,y^2\,dt - \lambda\int_a^b y^2\,\omega\,dt.$$

Analisando o segundo termo da igualdade, obtemos

(i) No primeiro somando, temos, se $y(a)=0$ então $p(a)\,y'(a)\,y(a)=0$. Se $y(a)\neq 0$, da condição $F_1[y]=0$ e do Corolário 6.25, temos que

$$\begin{aligned} |\,p(a)\,y'(a)\,y(a)\,| &= \left|p(a)\,\frac{\alpha_0}{\alpha_1}\,y^2(a)\right| \\ &\leq \left|\frac{\alpha_0}{\alpha_1}\right|\frac{p(a)}{b-a} + 2\,p(a)\left|\frac{\alpha_0}{\alpha_1}\right|\|y'\|_2, \end{aligned}$$

ou seja, existem constantes C_1 e C_2 tais que

$$|\,p(a)\,y'(a)\,y(a)| \leq C_1 + C_2\,\|y'\|_2.$$

Portanto, $p(a)\,y'(a)\,y(a) \geq -C_1 - C_2\,\|y'\|_2$.
Analogamente, existem constantes C_3 e C_4 tais que

$$-\,p(b)\,y'(b)\,y(b) \geq C_3 + C_4\,\|y'\|_2.$$

(ii) No segundo somando, temos

$$\int_a^b p(t)\,(y'(t))^2\,dt \geq p_1\,\|y'\|_2^2,$$

onde $p_1 = \inf\limits_{t\in[a,b]} p(t) > 0$.

(iii) No terceiro somando, temos

$$\int_a^b q(t)\,y^2(t)\,dt \geq C_5,$$

onde $C_5 = \inf\limits_{t\in[a,b]} q(t)$ e $\|y\|_2 = 1$.

(iv) No quarto somando, temos

$$-\lambda\int_a^b \omega(t)\,y^2(t)\,dt \geq -\lambda\,p_2,$$

onde $p_2 = \inf\limits_{t\in[a,b]} \omega(t) > 0$ (com $\lambda < 0$).

Portanto, existem constantes C_6 e C_7 tais que

$$\begin{aligned}\int_a^b L_\lambda[y](t)\,y(t)\,dt &\geq C_6 + C_7\,\|y'\|_2 + p_1\,\|y'\|_2^2 - \lambda\,p_2\\ &= \left(\sqrt{p_1}\,\|y'\|_2 + \frac{1}{2}\,\frac{C_7}{\sqrt{p_1}}\right)^2 + C_6 - \frac{1}{4}\,\frac{C_7^2}{p_1} - \lambda\,p_2\\ &\geq C_8 - \lambda\,p_2.\end{aligned}$$

onde $C_8 = C_6 - \dfrac{1}{4}\,\dfrac{C_7^2}{p_1}$. Temos que $C_8 - \lambda\,p_2 > 0$ se, e somente se, $\lambda < C_8/p_2 = C_9$.
Portanto, o teorema fica demonstrado com $C_0 = \min\{0, C_9\}$. □

O que o Teorema 6.24 diz é que existe um limitante inferior para os autovalores de um problema de Sturm-Liouville, ou seja, os autovalores podem até ser eventualmente negativos, mas não arbitrariamente negativos (Em verdade, em um problema de Sturm-Liouville regular pode ocorrer no máximo um número finito de autovalores negativos).

Exemplo 6.27 Considere o problema de Sturm-Liouville

$$\begin{aligned}
&y''(t) + \lambda\, y(t) = 0, \text{ em } [0,1],\\
&y(0) = 0,\\
&\beta_0\, y(1) + \beta_1\, y'(1) = 0.
\end{aligned}$$

Temos que $p(t) = 1$, $q(t) = 1$, $\omega(t) = 1$, $\alpha_0 = 1$ e $\alpha_1 = 0$. Se $y = y(t)$ é uma autofunção para o problema, então $-y''(t) = \lambda\, y(t)$. Multiplicando essa igualdade por $y(t)$ e integrando por partes (no intervalo $[0,1]$) obtemos

$$\begin{aligned}
\lambda \int_0^1 y^2(t)\,dt &= -\int_0^1 y''(t)\,y(t)\,dt\\
&= -\big(y'(1)\,y(1) - y'(0)\,y(0)\big) + \int_0^1 [y'(t)]^2\,dt\\
&= \int_0^1 [y'(t)]^2\,dt - y'(1)\,y(1). \qquad (6.12)
\end{aligned}$$

(i) No caso $\beta_0 = 0$ então $y'(1) = 0$, e no caso $\beta_1 = 0$ temos $y(1) = 0$. Em ambos os casos temos

$$\lambda \int_0^1 y^2(t)\,dt = \int_0^1 [y'(t)]^2\,dt,$$

o que garante que $\lambda > 0$.
(ii) Se $\beta_0\,\beta_1 > 0$, temos que $\lambda > 0$, pois neste caso em (6.12) obtemos

$$\lambda \int_0^1 y^2(t)\,dt = \int_0^1 [y'(t)]^2\,dt + \frac{\beta_1}{\beta_0}\,(y'(1))^2 > 0.$$

(iii) Se $\beta_0\,\beta_1 < 0$, podemos ter autovalores negativos. No caso de ocorrer $0 < -\dfrac{\beta_1}{\beta_0} < 1$, temos um único autovalor negativo que é a solução para $\sqrt{-\lambda} = -\dfrac{\beta_0}{\beta_1}\,\mathrm{tgh}(\sqrt{-\lambda})$ (onde $\mathrm{tgh}(x) = \dfrac{\mathrm{senh}(x)}{\cosh(x)} = \dfrac{e^x - e^{-x}}{e^x + e^{-x}}$ é a função tangente hiperbólica).

Se $-\dfrac{\beta_1}{\beta_0} < 0$ ou $-\dfrac{\beta_1}{\beta_0} > 1$, então o problema não possui solução não trivial. □

Do Teorema 6.24 segue que, substituindo a função $q(t)$ por $\tilde{q}(t) = q(t) - \tilde{C}\,\omega(t)$, onde $\tilde{C} < 0$ e $\tilde{C} < C_0$, temos um operador

$$\tilde{L}_\lambda[y] = -(p(t)y'(t))' + (q(t) - (\tilde{C} + \lambda)\omega(t))y(t)$$

tal que $\lambda = 0$ não é autovalor do problema de Sturm-Liouville correspondente e do qual todos os autovalores são estritamente positivos (pois se $\lambda = 0$ é autovalor, então $\tilde{C} < 0$ seria autovalor de L_λ, que é uma contradição).

Vamos trabalhar com a hipótese que $\lambda = 0$ não é autovalor do problema de Sturm-Liouville. Essa hipótese implica que para toda função $f \in C([a,b])$ o problema $L_0[y] = f$, $F_1[y] = 0$ e $F_2[y] = 0$ tem, no máximo uma solução (pois se y_1 e y_2 são soluções, ou seja, $L_0[y_1] = L_0[y_2] = f$, então $0 = L_0[y_1 - y_2] = \lambda\omega(t)(y_1(t) - y_2(t))$, e como $\omega(t) > 0$ e $\lambda \neq 0$, obtemos $y_1(t) = y_2(t)$).

As principais propriedades do problema de Sturm-Liouville estão reunidas no próximo teorema.

Teorema 6.28 *Consideremos o problema de Sturm-Liouville*

$$\begin{aligned} L_\lambda[y] &= -(p(t)\,y'(t))' + (q(t) - \lambda\,\omega(t))\,y(t) = f(t), \text{ em } [a,b],\\ F_1[y] &= \alpha_0\,y(a) + \alpha_1\,y'(a) = 0,\\ F_2[y] &= \beta_0\,y(b) + \beta_1\,y'(b) = 0, \end{aligned}$$

onde L_λ, F_1 e F_2 satisfazem as condições mencionadas no começo deste capítulo.

(a) *Os valores $\lambda \in \mathbb{C}$ tais que exista uma solução não trivial de $L_\lambda[y] = 0$ satisfazendo $F_1[y] = F_2[y] = 0$, ou seja, os autovalores do problema de Sturm-Liouville formam uma sequência infinita crescente $\{\lambda_n\}$ de números reais tais que*

$$\lim_{n\to\infty} \lambda_n = \infty \quad e \quad \sum_{n=1}^{\infty} \frac{1}{\lambda_n} < \infty.$$

(b) *Cada autovalor λ_n tem multiplicidade 1, isto é, o espaço vetorial das autofunções correspondentes tem dimensão 1; fixado uma autofunção*

real φ_n *tal que* $\displaystyle\int_a^b \varphi_n^2(t)\,\omega(t)\,dt = 1$ *então qualquer outra autofunção correspondente a* λ_n *é múltipla de* φ_n.
(c) *A sequência de autofunções* $\{\varphi_n\}$ *é uma base ortonormal de* $C_{L^2}([a,b])$.
(d) *Para toda função* $g \in C^2([a,b])$ *tal que* $F_1[g] = 0$ *e* $F_2[g] = 0$ *temos*

$$g(t) = \sum_{n=1}^{\infty} C_n\,\varphi_n(t),$$

onde $C_n = \displaystyle\int_a^b g(t)\,\varphi_n(t)\,\omega(t)\,dt$, *sendo que a série é uniformemente e absolutamente convergente em* $[a,b]$.
(e) *Seja* $\lambda \neq \lambda_n$ *para todo* n *e* $f \in C([a,b])$. *O sistema* $L_\lambda[y] = f$, *com* $F_1[y] = 0$ *e* $F_2[y] = 0$ *tem uma única solução dada por*

$$y(t) = \sum_{n=1}^{\infty} \frac{\langle f,\varphi_n\rangle}{\lambda_n - \lambda}\,\varphi_n(t),$$

onde $\langle f,\varphi_n\rangle = \displaystyle\int_a^b f(t)\,\varphi_n(t)\,dt$, *sendo que a série é uniformemente e absolutamente convergente em* $[a,b]$.
(f) *Se* $\lambda = \lambda_n$, *dada* $f \in C([a,b])$ *o sistema* $L_\lambda[y] = f$, *com* $F_1[y] = 0$ *e* $F_2[y] = 0$ *tem solução se, e somente se,* $\langle f,\varphi_n\rangle = 0$ *para todo* n.

Demonstração Veja Teorema 2.10, Capítulo IV de [7]. O caso geral deste teorema pode ser encontrado em [2]. □

Exemplo 6.29 Consideremos o sistema

$$\begin{aligned} &y''(t) + \lambda\,y(t) = f(t), \text{ em } [0,\pi],\\ &y(0) = y(\pi) = 0. \end{aligned}$$

Vimos no Exemplo 6.1 que a solução geral da equação homogênea $y''(t) + \lambda\,y(t) = 0$ (com $\lambda > 0$) é $y(t) = C_1\cos(\sqrt{\lambda}\,t) + C_2\,\text{sen}(\sqrt{\lambda}\,t)$. Para satisfazer $y(0) = 0$ obtemos $C_1 = 0$, e para satisfazer $y(\pi) = 0$ devemos ter $\sqrt{\lambda}\,\pi = n\,\pi$ ($n = 1, 2, ...$), ou seja, os autovalores são $\lambda_n = n^2$. Portanto $\psi_n(t) = \text{sen}(n\,t)$ formam um sistema ortogonal, e $\varphi_n(t) = \sqrt{\dfrac{2}{\pi}}\,\text{sen}(n\,t)$ formam um sistema ortonormal de autofunções do problema de Sturm-Liouville.

Como $\lambda = 0$ não é autovalor do problema homogêneo, pelo Teorema 6.28(e) a solução do problema

$$y''(t) = f(t), \text{ em } [0, \pi],$$
$$y(0) = y(\pi) = 0,$$

pode ser escrita na forma

$$\begin{aligned} y(t) &= \sum_{n=1}^{\infty} \frac{\langle f, \varphi_n \rangle}{\lambda_n - 0} \varphi_n(t) \\ &= \sum_{n=1}^{\infty} \frac{2}{\pi} \frac{1}{n^2} \left(\int_0^{\pi} f(x) \operatorname{sen}(n\,x)\, dx \right) \operatorname{sen}(n\,t). \end{aligned}$$

Por exemplo, se $f(t) = t$ então a solução para $y''(t) = t$, com a condição $y(0) = y(\pi) = 0$, é dada por

$$\begin{aligned} y(t) &= \sum_{n=1}^{\infty} \frac{2}{\pi} \frac{1}{n^2} \left(\int_0^{\pi} x \operatorname{sen}(n\,x)\, dx \right) \operatorname{sen}(n\,t) \\ &= \sum_{n=1}^{\infty} \frac{2}{\pi} \frac{1}{n^2} \frac{(-1)^{n+1}\,\pi}{n} \operatorname{sen}(n\,t) = 2 \sum_{n=1}^{\infty} \frac{(-1)^{n+1}}{n^3} \operatorname{sen}(n\,t). \end{aligned}$$

É claro que o problema $y''(t) = t$, $y(0) = y(\pi) = 0$ pode ser resolvido na forma direta aplicando-se as condições de contorno à solução geral de $y''(t) = t$ (cuja solução é $y(t) = (t^3 - \pi^2 t)/6$. Mas frequentemente tal opção não existe, e as únicas soluções disponíveis são as expressas como séries em termos de autofunções do problema. Por exemplo, considerando $f(t) = \cos(t^2 + t)$, a solução para o problema $y''(t) = f(t)$, com a condição $y(0) = y(\pi) = 0$, é dada por

$$\begin{aligned} y(t) &= \sum_{n=1}^{\infty} \frac{\langle f, \varphi_n \rangle}{\lambda_n - 0} \varphi_n(t) \\ &= \sum_{n=1}^{\infty} \frac{2}{\pi} \frac{1}{n^2} \left(\int_0^{\pi} f(x)\, \varphi_n(x)\, dx \right) \operatorname{sen}(n\,t) \\ &= \sum_{n=1}^{\infty} \frac{2}{\pi} \frac{1}{n^2} \left(\int_0^{\pi} \cos(x^2 + x) \operatorname{sen}(n\,x)\, dx \right) \operatorname{sen}(n\,t). \end{aligned}$$

Exemplo 6.30 Considere o problema

$$y''(t) - 3\,y'(t) + 3(1+\lambda)\,y(t) = 0, \text{ para } t \in [0,\pi],$$
$$y(0) = y(\pi) = 0.$$

O problema admite apenas solução trivial se $\lambda \leq -1/4$. Agora para $\lambda > -1/4$ a solução geral da equação $y''(t) - 3\,y'(t) + 3(1+\lambda)\,y(t) = 0$ é dada por

$$y(t) = C_1\,\mathrm{e}^{-3t/2}\cos(t\,\sqrt{3(1+4\lambda)}/2) + C_2\,\mathrm{e}^{-3t/2}\,\mathrm{sen}(t\,\sqrt{3(1+4\lambda)}/2).$$

Usando a condição $y(0) = 0$ obtemos $C_1 = 0$. E usando a condição $y(\pi) = 0$ obtemos

$$C_2\,\mathrm{sen}(\pi\,\sqrt{3(1+4\lambda)}/2) = 0.$$

Se $C_2 = 0$ temos apenas a solução trivial. Para que exista solução não trivial devemos ter $C_2 \neq 0$ e então $\dfrac{\pi\,\sqrt{3(1+4\lambda)}}{2} = n\,\pi$ (com $n = 1, 2, 3...$). Logo, os autovalores são $\lambda_n = \dfrac{1}{12}(4n^2 - 3)$ e as autofunções são dadas por $\psi_n(t) = \mathrm{e}^{-3t/2}\,\mathrm{sen}(n\,t)$ $(n = 1, 2, 3, ...)$. Com isso, temos que $\langle \psi_n, \psi_n \rangle = \dfrac{2n^2}{3(9+4n^2)}(1 - \mathrm{e}^{-3\pi})$. Logo, as funções

$$\varphi_n(t) = \frac{\psi_n(t)}{\|\psi_n\|} = \sqrt{\frac{3(9+4n^2)}{2n^2(1-\mathrm{e}^{-3\pi})}}\,\mathrm{e}^{-3t/2}\,\mathrm{sen}(n\,t),$$

$(n = 1, 2, 3, ...)$ formam um conjunto ortonormal.

Como $\lambda = 0$ não é autovalor, a solução do problema

$$y''(t) - 3\,y'(t) + 3\,y(t) = f(t), \text{ em } [0,\pi],$$
$$y(0) = y(\pi) = 0,$$

é dada por

$$\begin{aligned} y(t) &= \sum_{n=1}^{\infty} \frac{\langle f, \varphi_n \rangle}{\lambda_n - 0}\,\varphi_n(t) \\ &= \sum_{n=1}^{\infty} \frac{12}{4n^2-3}\,\frac{3(9+4n^2)}{2n^2(1-\mathrm{e}^{-3\pi})}\left(\int_0^{\pi} f(x)\mathrm{e}^{-3x/2}\mathrm{sen}(n\,x)\,dx\right)\mathrm{e}^{-3t/2}\mathrm{sen}(n\,t). \end{aligned}$$

Exemplo 6.31 Os problemas de Sturm-Liouville aparecem quando se aplica o método de separação de variáveis no estudo de algumas equações diferenciais parciais lineares de segunda ordem. Considere o problema da corda vibrante

$$\frac{\partial}{\partial x}\left[p(x)\,\frac{\partial u}{\partial x}(x,t)\right] - q(x)\,u(x,t) = \omega(x)\,\frac{\partial^2 u}{\partial t^2}(x,t), \tag{6.13}$$

com as condições iniciais $u(x,0) = f(x)$, $\dfrac{\partial u}{\partial t}(x,0) = g(x)$ (com $x \in [a,b]$) e com as condições de fronteira $u(a,t) = 0$ e $u(b,t) = 0$ (com $t \in [0,\infty)$). As funções p e ω representam a tensão e a densidade da corda, respectivamente, sendo, portanto, funções contínuas e positivas em $[a,b]$.

Usando o método de separação de variáveis, procuramos soluções da equação diferencial parcial (6.13) que sejam da forma $u(x,t) = X(x)\,T(t)$. Substituindo na equação (6.13) obtemos

$$\frac{[p(x)\,X'(x)]' - q(x)\,X(x)}{\omega(x)\,X(x)} = \frac{T''(t)}{T(t)} = -\,\lambda \text{ (constante)},$$

(pois cada um dos lados é função de uma variável diferente) e separando as variáveis, as funções $X(x)$ e $T(t)$ devem satisfazer

$$\begin{aligned}
&(i)\ T''(t) = -\lambda\,T(t),\\
&(ii)\ [p(x)\,X'(x)]' - q(x)\,X(x) = -\,\lambda\,\omega(x)\,X(x),\\
&\qquad \text{com } X(a) = X(b) = 0.
\end{aligned}$$

Observe que *(ii)* é um problema de Sturm-Liouville e que $\lambda = 0$ não é autovalor. Pelo Teorema 6.28, existe uma sequência $\{\lambda_n\}$ de autovalores tendendo para infinito e *(ii)* possui uma única solução não nula (a menos de uma constante multiplicativa). Seja $\{\varphi_n\}$ a sequência de autofunções normalizadas correspondentes aos autovalores λ_n ($\displaystyle\int_a^b |\varphi_n(x)|^2\,\omega(x)\,dx = 1$). Agora para cada $\lambda_n > 0$ a solução geral da equação $T''(t) = -\,\lambda_n\,T(t)$ é da forma

$$T_n(t) = a_n\cos(\sqrt{\lambda_n}\,t) + b_n\,\text{sen}(\sqrt{\lambda_n}\,t).$$

Logo, para cada $n = 1, 2, 3, \ldots$, temos que

$$\begin{aligned} u_n(x,t) &= \varphi_n(x)\, T_n(t) \\ &= \varphi_n(x)\, [\, a_n \cos(\sqrt{\lambda_n}\, t) + b_n \operatorname{sen}(\sqrt{\lambda_n}\, t)], \end{aligned}$$

é uma solução da equação (6.13). Procurando então a solução do problema sob a forma

$$\begin{aligned} u(x,t) &= \sum_{n=1}^{\infty} u_n(x,t) \\ &= \sum_{n=1}^{\infty} \varphi_n(x)\, [\, a_n \cos(\sqrt{\lambda_n}\, t) + b_n \operatorname{sen}(\sqrt{\lambda_n}\, t)]. \end{aligned}$$

Para satisfazer as condições iniciais devemos ter

$$f(x) = u(x,0) = \sum_{n=1}^{\infty} a_n\, \varphi_n(x),$$

$$g(x) = \frac{\partial u}{\partial t}(x,0) = \sum_{n=1}^{\infty} \sqrt{\lambda_n}\, b_n\, \varphi_n(x).$$

Se f e g admitem esse desenvolvimento em série, os coeficientes a_n e b_n são determinados por

$$a_n = \langle f, \varphi_n \rangle_\omega = \int_a^b f(x)\, \overline{\varphi_n(x)}\, \omega(x)\, dx,$$

$$b_n = \frac{1}{\sqrt{\lambda_n}}\, \langle g, \varphi_n \rangle_\omega = \frac{1}{\sqrt{\lambda_n}} \int_a^b g(x)\, \overline{\varphi_n(x)}\, \omega(x)\, dx.$$

Vemos, pois, a importância do estudo sobre a possibilidade de desenvolvimento de uma função f em série das autofunções φ_n, bem como a importância de condições que assegurem que essa série é absolutamente e uniformemente convergente em $[a, b]$, e não apenas em $C_{L^2(\omega)}([a, b])$. Ainda subsiste a questão de saber como devem ser as funções f e g para que a série de $u(x, t)$ seja convergente, para que ela represente de fato uma solução da equação diferencial parcial (6.13), para que tenhamos $u(x,t) \to f(x)$ quando $t \to 0^+$, entre outras. Essas últimas questões, em geral, tem de ser estudadas particularmente para cada tipo de equação.

Exemplo 6.32 Outro tipo de problema que frequentemente ocorre é o chamado *sistema de Sturm-Liouville periódico*

$$\begin{aligned} & -\frac{d}{dt}\left[p(t)\,\frac{dy}{dt}(t)\right] + (q(t) - \lambda\,\omega)\,y(t) = 0, \ \text{para } t \in [a,b], \\ & p(a) = p(b), \\ & y(a) = y(b), \\ & y'(a) = y'(b). \end{aligned}$$

Por exemplo, consideremos o problema

$$\begin{aligned} & y''(t) + \lambda\,y(t) = 0, \ \text{para } t \in [-\pi, \pi], \\ & y(-\pi) = y(\pi), \\ & y'(-\pi) = y'(\pi). \end{aligned}$$

Note que $p(t) = 1$ e então $p(-\pi) = p(\pi)$. Para $\lambda > 0$ a solução geral da equação é da forma $y(t) = C_1\cos(\sqrt{\lambda}\,t) + C_2\mathrm{sen}(\sqrt{\lambda}\,t)$. Usando as condições $y(-\pi) = y(\pi)$ e $y'(-\pi) = y'(\pi)$ obtemos

$$\begin{aligned} & C_2\,\mathrm{sen}(\sqrt{\lambda}\,\pi) = 0, \\ & 2\,C_1\,\sqrt{\pi}\,\mathrm{sen}(\sqrt{\lambda}\,\pi) = 0. \end{aligned}$$

Assim, para que existam soluções não triviais, devemos ter $\mathrm{sen}(\sqrt{\lambda}\,\pi) = 0$, ou seja, $\sqrt{\lambda}\pi = n\,\pi$ $(n = 1, 2, ...)$. Logo $\lambda_n = n^2$ $(n = 1, 2, 3, ...)$ são autovalores. Para cada $\lambda_n = n^2$ existem duas soluções linearmente independentes $\varphi_n(t) = \cos(n\,t)$ e $\psi_n(t) = \mathrm{sen}(n\,t)$ (diferentemente do caso de sistema de Sturm-Liouville regular).

Além disso, $\lambda = 0$ é autovalor e a correspondente autofunção é a função constante $\varphi_0(t) = 1$. Para $\lambda < 0$ o problema só possui solução trivial.

Portanto, os autovalores são

$$0, 1, 4, 9, ..., n^2, ...$$

e as autofunções são

$$1, \cos(t), \operatorname{sen}(t), \cos(2t), \operatorname{sen}(2t), ..., \cos(nt), \operatorname{sen}(nt), ...$$

□

Exemplo 6.33 Se a equação

$$-(p(t)\, y'(t))' + (q(t) - \lambda\, (\omega)(t))\, y(t) = 0, \tag{6.14}$$

é definida no interior de um intervalo finito I, mas em uma ou em ambas as extremidades de I temos que, ou pelo menos uma das funções $p(t), q(t), \omega(t)$ não é contínua ou uma das funções $p(t), q(t)$ se anula então dizemos que os problemas de contorno para a equação (6.14) em I são *singulares* . Se I é um intervalo infinito, os problemas de contorno para (6.14) em I também são chamados *singulares.* Para esses problemas veja [14].

Por exemplo, considere o problema de Sturm-Liouville

$$\begin{aligned} &\frac{d}{dt}[(1-t^2)\, y'(t)] + \lambda\, y(t) = 0, \text{ em } (-1,1), \\ &y(1) = 1, \\ &y \text{ limitada em } (-1,1). \end{aligned}$$

A função $p(t) = (1 - t^2)$ se anula nos pontos extremos $t = -1$ e $t = 1$, o que torna o problema de Sturm-Liouville singular.

Os autovalores são $\lambda_n = n(n+1)$ $(n = 0, 1, 2, 3...)$ e as autofunções são

$$P_n(t) = \frac{1}{2^n\, n!}\, \frac{d^n}{d\, t^n}\, [(t^2 - 1)^n],$$

que são chamados *polinômios de Legendre*[10]. Temos

$$\begin{aligned} P_0(t) &= 1, \\ P_1(t) &= t, \\ P_2(t) &= \frac{3}{2}\, t^2 - \frac{1}{2}, \\ P_3(t) &= \frac{5}{2}\, t^3 - \frac{3}{2}\, t, \\ P_4(t) &= \frac{35}{8}\, t^4 - \frac{15}{4}\, t^2 + \frac{3}{8}, \\ &\dots \end{aligned}$$

[10] Adrien-Marie Legendre (1752 - 1833)

Utilizando a equação $(1-t^2)\,y''(t) - 2\,t\,y'(t) + n(n+1)\,y(t) = 0$ e que cada P_n é solução, temos (para $n \neq m$)

$$(1-t^2)\,P_n''(t) - 2\,t\,P_n'(t) + n(n+1)\,P_n(t) = 0,$$
$$(1-t^2)\,P_m''(t) - 2\,t\,P_m'(t) + m(m+1)\,P_m(t) = 0.$$

Multiplicando a primeira igualdade por $P_m(t)$, a segunda por $P_n(t)$, e subtraindo, obtemos

$$\begin{aligned} &P_m(t)\,P_n(t)\,[m(m+1) - n(n+1)] \\ &= (1-t^2)\,[P_m(t)P_n''(t) - P_m''(t)P_n(t)] - 2t[P_m(t)P_n'(t) - P_m'(t)P_n(t)] \\ &= \frac{d}{dt}[(1-t^2)\,[P_m(t)P_n'(t) - P_m'(t)P_n(t)]]. \end{aligned}$$

Logo, integrando de -1 a 1 obtemos

$$\begin{aligned} &[m(m+1) - n(n+1)] \int_{-1}^{1} P_m(t)\,P_n(t)\,dt \\ &= (1-t^2)[P_m(t)P_n'(t) - P_m'(t)P_m(t)]\Big|_{-1}^{1} \\ &= 0, \end{aligned}$$

ou seja, se $n \neq m$, $\langle P_n, P_m \rangle = \displaystyle\int_{-1}^{1} P_n(t)\,P_m(t)\,dt = 0$. Além disso, temos que $\langle P_n, P_n \rangle = 2/(2n+1)$.

EXERCÍCIOS

(I) Determine os autovalores e as autofunções dos seguintes problemas de Sturm-Liouville no intervalo e com as condições dadas.

[1] $y''(x) + y'(x) + \lambda\,y(x) = 0$, em $[0,1]$,
com $y(0) = y(1) = 0$.

[2] $y''(x) + \lambda\,y(x) = 0$, em $[0,1]$,
com $y(0) = 0$ e $3\,y(1) + y'(1) = 0$.

[3] $y''(x) + \lambda\,y(x) = 0$, em $[0,1]$,
com $y'(0) = y(1) = 0$.

[4] $x^2\, y''(x) + 3\, x\, y'(x) + \lambda\, y(x) = 0$, em $[1, \mathrm{e}]$,
com $y(1) = y(\mathrm{e}) = 0$.
[5] $y''(x) + 2\, y'(x) + (\lambda + 1)\, y(x) = 0$, em $[0, 5]$,
com $y(0) = y(5) = 0$.
[6] $x^2\, y''(x) + xy'(x) + \lambda\, y(x) = 0$, em $[1, \mathrm{e}^{\pi}]$,
com $y(1) = y(\mathrm{e}^{\pi}) = 0$.
[7] $x^2\, y''(x) + x\, y'(x) + 9\, \lambda\, y(x) = 0$, em $[1, \mathrm{e}]$,
com $y'(1) = 0$ e $y(\mathrm{e}) = 0$.

(II) Encontre o desenvolvimento em série da solução dos seguintes problemas em termos das autofunções do sistema de Sturm - Liouville associado.

(1) $y''(x) = x\,(x - 2\,\pi)$, com $y(0) = 0$ e $y'(\pi) = 0$.
(2) $y''(x) = f(x)$, com $y(0) = y(\pi) = 0$, sendo

$$f(x) = \begin{cases} -\,x, & \text{se } 0 \leq x \leq \pi/2 \\ x - \pi, & \text{se } \pi/2 \leq x \leq \pi. \end{cases}$$

(III) Para $h \in C([0, 2\,\pi]; \mathbb{R})$, discuta o problema

$$\begin{aligned} &y''(x) = -\,h(x), \\ &y(0) = y(2\pi), \\ &y'(0) = y'(2\pi). \end{aligned}$$

(Sugestão: Considere separadamente os casos $\displaystyle\int_0^{2\pi} h(x)dx = 0$ e $\displaystyle\int_0^{2\pi} h(x)dx \neq 0$.)

RESPOSTAS

(I) λ_n indica os autovalores e φ_n as respectivas autofunções.

[1] $\lambda_n = n^2\,\pi^2 + \dfrac{1}{4}$ $(n = 1, 2, 3, ..)$ e $\varphi_n(x) = \mathrm{e}^{-x/2}\mathrm{sen}(n\,\pi\,x)$.
[2] Os autovalores são as soluções positivas de $tg(\sqrt{\lambda}) = -\,\sqrt{\lambda}/3$ e $\varphi_n(x) = \mathrm{sen}(\sqrt{\lambda_n}\,x)$.

[3] $\lambda_n = (n+\frac{1}{2})^2\pi^2$ $(n = 0, 1, 2, 3...)$ e $\varphi_n(x) = \cos((n+\frac{1}{2})\pi\, x)$.

[4] $\lambda_n = n^2\pi^2 + 1$ $(n = 1, 2, 3...)$ e $\varphi_n(x) = x^{-1}\,\mathrm{sen}(n\,\pi\,\ln(x))$.

[5] $\lambda_n = n^2\pi^2/25$ e $\varphi_n(x) = \mathrm{e}^{-x}\mathrm{sen}(n\pi\, x/5)$.

[6] $\lambda_n = n^2$ $(n = 1, 2, 3, ...)$ e $\varphi_n(x) = \mathrm{sen}(n\ln(x))$.

[7] $\lambda_n = (2n-1)^2\pi^2/36$ e $\varphi_n(x) = \cos(\frac{(2n-1)}{2}\pi\ln(x))$.

(II)

(1) $y(x) = \dfrac{128}{\pi}\displaystyle\sum_{n=1}^{\infty}\frac{1}{(2n+1)^5}\mathrm{sen}((2n+1)x/2)$.

(2) $y(x) = \displaystyle\sum_{n=1}^{\infty}\frac{(-1)^{n+1}}{(2n-1)^3}\,\mathrm{sen}((2n-1)x)$.

(III) Se $\displaystyle\int_0^{2\pi} h(x)\,dx \neq 0$ não existe solução.

Se $\displaystyle\int_0^{2\pi} h(x)\,dx = 0$ então $y(x) = C + \displaystyle\sum_{n=1}^{\infty} a_n\cos(n\,x) + b_n\,\mathrm{sen}(n\,x)$, onde

$$a_n = \frac{1}{\pi}\int_0^{2\pi} h(x)\cos(n\,x)\,dx \quad \text{e} \quad b_n = \frac{1}{\pi}\int_0^{2\pi} h(x)\,\mathrm{sen}(n\,x)\,dx,$$

onde C é uma constante arbitrária.

6.4 A Função de Green

Um típico problema de valor de fronteira para equações diferenciais ordinárias pode ser escrito na forma de operador

$$L\,u = f. \tag{6.15}$$

Procurando uma solução u que satisfaça essa equação e as condições de fronteira dadas. Se $\mathcal{D}(L)$ é o espaço das funções satisfazendo as condições de fronteira, então o problema se reduz a encontrar uma solução de (6.15) em $\mathcal{D}(L)$. Uma maneira de abordar o problema é procurar o operador inverso L^{-1}. Se for possível determinar L^{-1}, então a solução de (6.15) pode ser obtida por $u = L^{-1}(f)$. Em muitos casos importantes isto é possível, e o operador inverso é um operador integral da forma

$$[L^{-1}(f)](x) = \int_a^b G(x,t)\,f(t)\,dt.$$

A função G é chamada *função de Green*[11] do operador L. A existência da função de Green e sua determinação não é um problema simples. Vamos examinar o problema no caso do sistema de Sturm-Liouville regular.

Exemplo 6.34 Para $f \in C([0,1])$, considere o problema

$$\begin{aligned} &y''(t) = f(t), \text{ em } [0,1], \\ &y(0) = y(1) = 0. \end{aligned}$$

Integrando a equação diferencial $y''(t) = f(t)$ duas vezes e invertendo a ordem de integração, obtemos

$$\begin{aligned} y(x) &= \int_0^x \left[\int_0^s f(t)\,dt\right] ds + Ax + B \\ &= \int_0^x \left[\int_t^x ds\right] f(t)\,dt + Ax + B \\ &= \int_0^x (x-t)\,f(t)\,dt + Ax + B. \end{aligned}$$

[11]George Green (1793 - 1841)

Usando a condição $y(0) = 0$ obtemos $B = 0$. Usando a condição $y(1) = 0$ obtemos

$$0 = y(1) = \int_0^1 (1-t)\, f(t)\, dt + A,$$

ou seja, $A = -\displaystyle\int_0^1 (1-t)\, f(t)\, dt$. Logo, podemos escrever

$$\begin{aligned} y(x) &= \int_0^x (x-t)\, f(t)\, dt - x\int_0^1 (1-t)\, f(t)\, dt \\ &= \int_0^x (x-t)\, f(t)\, dt - \int_0^x x\,(1-t)\, f(t)\, dt \\ &- \int_x^1 x\,(1-t)\, f(t)\, dt \\ &= \int_0^x t\,(x-1)\, f(t)\, dt + \int_x^1 x\,(t-1)\, f(t)\, dt. \end{aligned}$$

Assim podemos escrever a solução do problema na forma

$$y(x) = \int_0^1 G(x,t)\, f(t)\, dt,$$

onde

$$G(x,t) = \begin{cases} t\,(x-1), & \text{se } 0 \leq t < x, \\ x\,(t-1), & \text{se } x \leq t \leq 1. \end{cases}$$

□

Vamos trabalhar com a hipótese de que $\lambda = 0$ *não é autovalor do problema de Sturm-Liouville.* Essa hipótese implica que para toda $f \in C([a,b])$, o problema $L_0[y] = f$, $F_1[y] = 0$ e $F_2[y] = 0$ tem, no máximo, uma solução.

Teorema 6.35 *Existe uma função contínua* $G : [a,b] \times [a,b] \to \mathbb{R}$ *tal que, dada* $f \in C([a,b])$, *uma função* $y \in C^2([a,b])$ *é solução para o problema*

$$(P_0) \begin{cases} (S_0) \;\; L_0[y] = -\,(p\,y')' + q\,y = f \text{ em } [a,b], \\ (F) \begin{cases} F_1[y] = \alpha_0\, y(a) + \alpha_1\, y'(a) = 0, \\ F_2[y] = \beta_0\, y(b) + \beta_1\, y'(b) = 0, \end{cases} \end{cases}$$

se, e somente se, $y(t) = \displaystyle\int_a^b G(t,s)\, f(s)\, ds$. *A função* G *é chamada de função de Green do problema* (P) *e é definida por*

$$G(x,t) = \begin{cases} \dfrac{y_1(t)\, y_2(x)}{p(t)\, W[y_1,y_2](t)} = G_1(x,t), \text{ se } a \leq t < x, \\ \dfrac{y_2(t)\, y_1(x)}{p(t)\, W[y_1,y_2](t)} = G_2(x,t), \text{ se } x \leq t \leq b. \end{cases}$$

onde y_1 *e* y_2 *são duas soluções linearmemente independentes da equação homogênea* $L_0[y] = -\,[p(t)\, y'(t)]' + q(t)\, y(t) = 0$, *com as condições de fronteira* $F_1[y_1] = 0$ *e* $F_2[y_2] = 0$.

Demonstração De acordo com a teoria de equações diferenciais ordinárias, a solução geral da equação

$$L_0[y] = -\,[p(t)\, y'(t)]' + q(t)\, y(t) = f(t) \tag{6.16}$$

é da forma $y(t) = C_1\, y_1(t) + C_2\, y_2(t) + y_p(t)$, onde C_1 e C_2 são constantes, y_1 e y_2 são duas soluções linearmente independentes da equação homogênea

$$L_0[y] = -\,[p(t)\, y'(t)]' + q(t)\, y(t) = 0 \tag{6.17}$$

e y_p é uma solução particular de (6.16). Em particular, a solução y_p pode ser determinada pelo método de Lagrange de variação dos parâmetros, ou seja, vamos procurar uma solução particular da forma

$$y_p(t) = v_1(t)\, y_1(t) + v_2(t)\, y_2(t), \tag{6.18}$$

onde v_1 e v_2 são funções que serão determinadas. Derivando (6.18) obtemos

$$y_p'(t) = v_1'(t)\, y_1(t) + v_1(t)\, y_1'(t) + v_2'(t)\, y_2(t) + v_2(t)\, y_2'(t).$$

Existem infinitos pares de funções v_1 e v_2 para os quais y_p satisfaz (6.16). Vamos adicionar uma segunda condição

$$v_1'(t)\, y_1(t) + v_2'(t)\, y_2(t) = 0. \tag{6.19}$$

Com isso temos

$$\begin{aligned} y_p'(t) &= v_1(t)\, y_1'(t) + v_2(t)\, y_2'(t), \\ y_p''(t) &= v_1(t)\, y_1''(t) + v_2(t)\, y_2''(t) + v_1'(t)\, y_1'(t) + v_2'(t)\, y_2'(t). \end{aligned}$$

Substituindo na equação $-[p(t)\, y'(t)]' + q(t)\, y(t) = f(t)$ obtemos

$$\begin{aligned} &v_1(t)\,[-p(t)\, y_1''(t) + p'(t)\, y_1'(t) + q(t)\, y_1(t)] \\ &+ v_2(t)\,[-p(t)\, y_2''(t) + p'(t)\, y_2'(t) + q(t)\, y_2(t)] \\ &+ p(t)\,[v_1'(t)\, y_1'(t) + v_2'(t)\, y_2'(t)] = f(t). \end{aligned} \tag{6.20}$$

Como y_1 e y_2 são soluções da equação homogênea (6.17), os dois primeiros termos em (6.20) são nulos e então (como $p(t) > 0$) obtemos

$$v_1'(t)\, y_1'(t) + v_2'(t)\, y_2'(t) = \frac{f(t)}{p(t)}.$$

Resolvendo o sistema

$$\begin{cases} v_1'(t)\, y_1(t) + v_2'(t)\, y_2(t) = 0, \\ v_1(t)\, y_1'(t) + v_2'(t)\, y_2'(t) = \dfrac{f(t)}{p(t)}, \end{cases}$$

obtemos

$$v_1'(t) = -\frac{f(t)\, y_2(t)}{p(t)\, W[y_1, y_2](t)}, \tag{6.21}$$

$$v_2'(t) = \frac{f(t)\, y_1(t)}{p(t)\, W[y_1, y_2](t)}. \tag{6.22}$$

Vamos provar que o wronskiano $W[y_1, y_2](t) \neq 0$ para todo $t \in [a, b]$. Suponha que

$$W[y_1, y_2](t) = y_1(t)\, y_2'(t) - y_2(t)\, y_1'(t)$$

seja igual a zero em algum ponto $t_0 \in [a,b]$. Então o sistema

$$\begin{aligned} a_1\, y_1(t_0) + a_2\, y_2(t_0) &= 0, \\ a_1\, y_1'(t_0) + a_2\, y_2'(t_0) &= 0, \end{aligned}$$

possui uma solução não trivial, pois a_1 e a_2 não são ambos iguais a zero. Então a função $g(t) = a_1\, y_1(t) + a_2\, y_2(t)$ é uma solução para o problema de valor inicial

$$\begin{aligned} &-[p(t)\, y'(t)]' + q(t)\, y(t) = 0, \\ &g(t_0) = g'(t_0) = 0. \end{aligned}$$

Mas esse problema possui somente solução trivial (veja o Teorema F1 do Apêndice), e assim $g = 0$. Isto significa que y_1 e y_2 são linearmente dependentes, ou seja, $y_1(t) = \tilde{C}\, y_2(t)$ para alguma constante $\tilde{C}$. Consequentemente, y_1 satisfaz ambas as condições de fronteira $F_1[y] = 0$ e $F_2[y] = 0$, mas isto implica que $\lambda = 0$ é um autovalor do sistema de Sturm-Liouville, contrário a hipótese. Logo, $W[y_1, y_2](t) \neq 0$ para todo $t \in [a,b]$.

Pelo Teorema 6.23, temos que $p(t)\, W[y_1, y_2](t) =$ constante. Como $W[y_1, y_2](t) \neq 0$ e $p(t) > 0$, a constante é diferente de zero. Vamos denotar essa constante por $C = \dfrac{1}{p(t)\, W[y_1, y_2](t)}$.

Integrando as igualdades (6.21) e (6.22), obtemos

$$v_1(x) = -\int_b^x C\, y_2(t)\, f(t)\, dt \quad \text{e} \quad v_2(x) = \int_a^x C\, y_1(t)\, f(t)\, dt,$$

e finalmente

$$\begin{aligned} y_p(x) &= v_1(x)\, y_1(x) + v_2(x)\, y_2(x) \\ &= -\, y_1(x) \int_b^x C\, y_2(t)\, f(t)\, dt + y_2(x) \int_a^x C\, y_1(t)\, f(t)\, dt \\ &= \int_a^x \frac{y_2(x) y_1(t)\, f(t)}{p(t)\, W[y_1, y_2](t)}\, dt + \int_x^b \frac{y_1(x) y_2(t)\, f(t)}{p(t)\, W[y_1, y_2](t)}\, dt. \end{aligned}$$

Consequentemente, se definimos a função de Green como

$$G(x,t) = \begin{cases} \dfrac{y_1(t)\,y_2(x)}{p(t)\,W[y_1,y_2](t)} = G_1(x,t), & \text{se } a \le t \le x, \\ \\ \dfrac{y_2(t)\,y_1(x)}{p(t)\,W[y_1,y_2](t)} = G_2(x,t), & \text{se } x \le t \le b, \end{cases}$$

podemos escrever

$$y_p(x) = \int_a^x G_1(x,t)\,f(t)\,dt + \int_x^b G_2(x,t)\,f(t)\,dt = \int_a^b G(x,t)\,f(t)\,dt.$$

A função G é contínua em $[a,b] \times [a,b]$, $G(x,t) = G(t,x)$ e

$$\lim_{\varepsilon \to 0^+} \frac{\partial G_2}{\partial x}(t-\varepsilon,t) - \lim_{\varepsilon \to 0^+} \frac{\partial G_1}{\partial x}(t+\varepsilon,t) = -\,\frac{1}{p(t)}.$$

□

Exemplo 6.36 Considere a equação $y''(t) = f(t)$ em $[a,b]$, sendo f uma função contínua em $[a,b]$, com as condições $y(a) = y(b) = 0$.

As soluções para a equação homogênea $y''(t) = 0$ satisfazendo as condições $y_1(a) = 0$ e $y_2(b) = 0$ são $y_1(t) = t - a$ e $y_2(t) = t - b$. Temos

$$W(t) = W[y_1,y_2](t) = \begin{vmatrix} t-a & t-b \\ 1 & 1 \end{vmatrix} = t - a - (t-b) = b - a.$$

Logo, a função de Green para o problema é

$$G(x,t) \;=\; \begin{cases} \dfrac{y_1(t)\,y_2(x)}{p(t)\,W[y_1,y_2](t)}, & \text{se } a \le t \le x, \\ \dfrac{y_2(t)\,y_1(x)}{p(t)\,W[y_1,y_2](t)}, & \text{se } x \le t \le b, \end{cases}$$

ou seja,

$$G(x,t) \;=\; \begin{cases} \dfrac{(t-a)\,(x-b)}{(b-a)} = G_1(x,t), & \text{se } a \le t \le x, \\ \dfrac{(t-b)\,(x-a)}{(b-a)} = G_2(x,t), & \text{se } x \le t \le b. \end{cases}$$

Portanto, a solução do problema é dada por

$$\begin{aligned} y(x) &= \int_a^b G(x,t)\, f(t)\, dt \\ &= \int_a^x G_1(x,t)\, f(t)\, dt + \int_x^b G_2(x,t)\, f(t)\, dt \\ &= \frac{x-b}{b-a} \int_a^x (t-a)\, f(t)\, dt + \frac{x-a}{b-a} \int_x^b (t-b)\, f(t)\, dt. \end{aligned}$$

Por exemplo,
(1) Para $f(x) = -6x$, $a = 0$ e $b = 1$, então a solução do problema $y''(x) = -6x$, com $y(0) = y(1) = 0$ é

$$\begin{aligned} y(x) &= (x-1) \int_0^x t\,(-6t)\, dt + x \int_x^1 (t-1)\,(-6t)\, dt \\ &= x(1-x^2). \end{aligned}$$

(2) Para $f(x) = \mathrm{e}^x$, $a = 0$ e $b = 1$, então a solução do problema $y''(x) = \mathrm{e}^x$, com $y(0) = y(1) = 0$ é

$$\begin{aligned} y(x) &= (x-1) \int_0^x t\,\mathrm{e}^t\, dt + x \int_x^1 (t-1)\,\mathrm{e}^t\, dt \\ &= \mathrm{e}^x + x - 1 - x\,\mathrm{e}. \end{aligned}$$

(3) Para $f(x) = \cos(x^2+x)$, $a = 0$ e $b = 1$, então a solução do problema $y''(x) = \cos(x^2+x)$, com $y(0) = y(1) = 0$ é

$$y(x) = (x-1) \int_0^x t\cos(t^2+t)\, dt + x \int_x^1 (t-1)\cos(t^2+t)\, dt.$$

Exemplo 6.37 Considere a equação $y''(t) + y(t) = f(t)$ em $[0, \pi]$, com as condições de fronteira $y(0) = y'(\pi) = 0$. Temos que $\lambda = 0$ não é autovalor desse problema, pois a solução geral da equação homogênea $y''(t) + y(t) = 0$ é dada por $y(t) = C_1 \operatorname{sen}(t) + C_2 \cos(t)$ e $y(0) = 0$ implica $C_2 = 0$ e $y'(\pi) = 0$ implica $C_1 = 0$. Agora $y_1(t) = \operatorname{sen}(t)$ e

$y_2(t) = \cos(t)$ são soluções da equação homogênea $y''(t)+y(t) = 0$ satisfazendo $y_1(0) = 0$ e $y_2'(\pi) = 0$, e temos $W[y_1, y_2](t) = -1$. Portanto, a função de Green do problema é dada por

$$G(x,t) = \begin{cases} -\operatorname{sen}(x)\cos(t), & \text{para } 0 \le t \le x, \\ -\cos(x)\operatorname{sen}(t), & \text{para } x \le t \le \pi, \end{cases}$$

e a solução do problema é dada por

$$y(x) = -\operatorname{sen}(x) \int_0^x \cos(t)\, f(t)\, dt - \cos(x) \int_x^\pi \operatorname{sen}(t)\, f(t)\, dt.$$

Corolário 6.38 *Temos que y é solução do problema de Sturm-Liouville*

$$(P) \begin{cases} (S_\lambda) \quad L_\lambda[y](t) = f(t), \ \text{para } t \in [a,b], \\ (F) \quad F_1[y] = 0, \ F_2[y] = 0. \end{cases}$$

se, e somente se,

$$y(t) - \lambda \int_a^b G(t,s)\, y(s)\, \omega(s)\, ds = g(t),$$

onde $g(t) = \displaystyle\int_a^b G(t,s)\, f(s)\, ds.$

Demonstração Como

$$\begin{aligned} L_\lambda[y] &= -(p(t)\, y'(t))' + (q(t) - \lambda\, \omega(t))\, y(t) \\ &= L_0[y] - \lambda\, \omega(t)\, y(t), \end{aligned}$$

então $L_\lambda[y] = f$ se, e somente se, $L_0[y] = \lambda\, \omega\, y + f$. Pelo Teorema 6.35 temos $L_0[y] = \lambda\, \omega\, y + f$ com $F_1[y] = F_2[y] = 0$ se, e somente se,

$$y(t) = \int_a^b G(t,s)\, [\lambda\, \omega(s)\, y(s) + f(s)]\, ds$$

ou seja, se e somente se,

$$y(t) - \lambda \int_a^b G(t,s)\, y(s)\, \omega(s)\, ds = g(t) = \int_a^b G(t,s)\, f(s)\, ds.$$

□

Indicando por $\mathcal{T}$ o operador integral definido em $C_{L^2}([a,b])$

$$\mathcal{T}[y](t) = \int_a^b G(t,s)\, y(s)\, \omega(s)\, ds, \quad t \in [a,b].$$

Pelo Teorema 6.35, temos que $L_0[y] = \lambda\, \omega\, y$ com $F_1[y] = F_2[y] = 0$ se, e somente se,

$$y(t) - \lambda \int_a^b G(t,s)\, y(s)\, \omega(s)\, ds = 0,$$

ou seja, $\dfrac{1}{\lambda}\, y(t) = \mathcal{T}[y](t)$, ou ainda, $\dfrac{1}{\lambda}$ é autovalor de $\mathcal{T}$. Temos, portanto, o seguinte resultado.

Corolário 6.39 *(a) λ é autovalor do problema de Sturm-Liouville se, e somente se, $1/\lambda$ é autovalor de $\mathcal{T}$.*
(b) y é autofunção do problema de Sturm-Liouville correspondente ao autovalor λ se, e somente se, y é autofunção do operador $\mathcal{T}$ correspondente ao autovalor $1/\lambda$.

Exemplo 6.40 Considere o problema

$$\begin{aligned} &(1 + x^2)\, y''(x) + 2\, x\, y'(x) - \lambda\, y(x) = f(x), \\ &y(0) = 0 \text{ e } y'(1) = 0, \end{aligned}$$

onde $f \in C([0,1], \mathbb{R})$. Podemos escrever a equação na forma

$$\frac{d}{dx}\Big[(1 + x^2)\, y'(x)\Big] - \lambda\, y(x) = f(x).$$

Se $L_\lambda[y] = \dfrac{d}{dx}\Big[(1 + x^2)\, y'(x)\Big] - \lambda\, y(x)$, então

$$L_0[y] = \frac{d}{dx}\Big[(1 + x^2)\, y'(x)\Big].$$

Pelo Teorema 6.35, para determinar a função de Green precisamos obter duas soluções y_1 e y_2 linearmente independentes da equação homogênea associada

$$\frac{d}{dx}\Big[(1 + x^2)\, y'(x)\Big] = 0,$$

satisfazendo $y_1'(1) = 0$ e $y_2(0) = 0$. Podemos encontrar duas soluções observando que

(a) se $y'(x) = 0$ e então $y_1(x) = C_1$ (constante) e

(b) se $(1 + x^2)\, y'(x) = C_2$, obtemos $y_2(x) = C_2 \operatorname{arctg}(x)$.

Temos que $y_1'(1) = 0$ e $y_2(0) = 0$. Além disso

$$W[y_1, y_2](x) = \begin{vmatrix} C_1 & C_2 \operatorname{arctg}(x) \\ 0 & \dfrac{C_2}{1+x^2} \end{vmatrix} = \frac{C_1\, C_2}{1+x^2}.$$

Como $p(x) = (1 + x^2)$ então $p(s)\, W[y_1, y_2](s) = C_1\, C_2$, e a função de Green é

$$G(x,t) \quad = \quad \begin{cases} \dfrac{y_1(t)\, y_2(x)}{p(t)\, W[y_1, y_2](t)}, & \text{se } 0 \le t \le x, \\ \dfrac{y_2(t)\, y_1(x)}{p(t)\, W[y_1, y_2](t)}, & \text{se } x \le t \le 1, \end{cases}$$

ou seja,

$$G(x,t) \quad = \quad \begin{cases} \operatorname{arctg}(x) = G_1(x,t), & \text{se } 0 \le t \le x, \\ \operatorname{arctg}(t) = G_2(x,t), & \text{se } x \le t \le 1. \end{cases}$$

Portanto, pelo Corolário 6.38, uma função $y = y(x)$ é solução do problema se, e somente se,

$$y(x) - \lambda \int_0^1 G(x,t)\, y(t)\, \omega(t)\, dt = \int_0^1 G(x,t)\, f(t)\, dt,$$

ou seja,

$$y(x) - \lambda \left[\int_0^x \operatorname{arctg}(x)\, y(t)\, dt + \int_x^1 \operatorname{arctg}(t)\, y(t)\, dt \right]$$
$$= \int_0^x \operatorname{arctg}(x)\, f(t)\, dt + \int_x^1 \operatorname{arctg}(t)\, f(t)\, dt.$$

Por exemplo, para $f(x) = 0$ temos que $y = y(x)$ é solução do problema se, e somente se, $y = y(x)$ é solução da equação integral

$$y(x) = \lambda \int_0^1 G(x,t)\, y(t)\, dt.$$

Exemplo 6.41 Vamos determinar a função de Green para o problema

$$\begin{aligned}
&y''(t) + y(t) = f(t), \text{ em } [0, \pi],\\
&y(0) + y'(0) = 0,\\
&y(\pi) = 0.
\end{aligned}$$

A solução geral da equação homogênea $y''(t) + y(t) = 0$ é da forma $y(t) = C_1 \operatorname{sen}(t) + C_2 \cos(t)$. A função $y_1(t) = \operatorname{sen}(t) - \cos(t)$ satisfaz a condição $y_1(0)+y_1'(0) = 0$, e a função $y_2(t) = \operatorname{sen}(t)$ satisfaz a condição $y_2(\pi) = 0$ (y_1 e y_2 são soluções linearmente independentes da equação $y''(t) + y(t) = 0$). Temos

$$W[y_1, y_2](t) = \begin{vmatrix} \operatorname{sen}(t) - \cos(t) & \operatorname{sen}(t) \\ \cos(t) + \operatorname{sen}(t) & \cos(t) \end{vmatrix} = -1,$$

e $p(t) = 1$. Logo, a função de Green é dada por

$$G(x,t) = \begin{cases} \dfrac{y_1(t)\, y_2(x)}{p(t)\, W[y_1, y_2](t)}, & \text{se } 0 \le t \le x, \\ \dfrac{y_2(t)\, y_1(x)}{p(t)\, W[y_1, y_2](t)}, & \text{se } x \le t \le \pi, \end{cases}$$

ou seja,

$$G(x,t) = \begin{cases} -(\operatorname{sen}(t) - \cos(t)) \operatorname{sen}(x), & \text{se } 0 \le t \le x, \\ -\operatorname{sen}(t)(\operatorname{sen}(x) - \cos(x)), & \text{se } x \le t \le \pi. \end{cases}$$

Portanto, a solução do problema é dada por

$$\begin{aligned}
y(x) &= \int_0^\pi G(x,t)\, f(t)\, dt \\
&= \int_0^x (\cos(t) - \operatorname{sen}(t)) \operatorname{sen}(x)\, f(t)\, dt \\
&+ \int_x^\pi (\cos(x) - \operatorname{sen}(x)) \operatorname{sen}(t)\, f(t)\, dt \\
&= \operatorname{sen}(x) \int_0^x (\cos(t) - \operatorname{sen}(t))\, f(t)\, dt \\
&+ (\cos(x) - \operatorname{sen}(x)) \int_x^\pi \operatorname{sen}(t)\, f(t)\, dt.
\end{aligned}$$

Exemplo 6.42 Vamos determinar a função de Green para o problema

$$\begin{aligned} &y''(x) + \omega^2 y(x) = f(x), \text{ em } [0,1],\\ &y'(0) = y'(1) = 0, \end{aligned}$$

onde $\omega \in \mathbb{R}$, $\omega > 0$ e $\omega \neq n\,\pi$ $(n = 1, 2, 3, ...)$. A solução geral da equação homogênea associada $y''(x) + \omega^2 y(x) = 0$ é dada por

$$y(x) = C_1 \operatorname{sen}(\omega\, x) + C_2 \cos(\omega\, x).$$

Temos que $y_1(x) = \cos(\omega\, x)$ satisfaz $y_1'(0) = 0$, e que

$$y_2(x) = \operatorname{sen}(\omega\, x) + \frac{\cos(\omega)}{\operatorname{sen}(\omega)} \cos(\omega\, x) = \frac{\cos(x-1)\,\omega}{\operatorname{sen}(\omega)}$$

satisfaz $y_2'(1) = 0$. Além disso, temos que

$$W[y_1, y_2](x) = \begin{vmatrix} \cos(\omega\, x) & \dfrac{\cos((x-1)\,\omega)}{\operatorname{sen}(\omega)} \\ -\,\omega \operatorname{sen}(\omega\, x) & -\,\omega \dfrac{\operatorname{sen}((x-1)\,\omega)}{\operatorname{sen}(\omega)} \end{vmatrix} = \omega\,,$$

ou seja, as funções y_1 e y_2 são linearmente independentes em $[0, 1]$. Portanto a função de Green do problema é definida por

$$G(x,t) \;=\; \begin{cases} \dfrac{\cos(\omega\, t) \cos((x-1)\,\omega)}{\omega \operatorname{sen}(\omega)}, & \text{se } 0 \leq t \leq x,\\[2mm] \dfrac{\cos((t-1)\,\omega) \cos(\omega\, x)}{\omega \operatorname{sen}(\omega)}, & \text{se } x \leq t \leq 1. \end{cases}$$

Com isso, a solução do problema é dada por

$$\begin{aligned} y(x) &= \int_0^1 G(x,t)\, f(t)\, dt\\ &= \frac{\cos((x-1)\,\omega)}{\omega \operatorname{sen}(\omega)} \int_0^x \cos(\omega\, t)\, f(t)\, dt\\ &+ \frac{\cos(\omega\, x)}{\omega \operatorname{sen}(\omega)} \int_x^1 \cos((t-1)\,\omega)\, f(t)\, dt. \end{aligned}$$

Observe que para o caso $\omega = 0$ o problema não possui função de Green.

EXERCÍCIOS

Use a função de Green para determinar a solução para cada problema, onde a função $f \in C([0,1],\mathbb{R})$.
(1) $y''(x) = f(x)$, com $y(0) = 0$ e $y(1) + y'(1) = 0$.
(2) $y''(x) + k^2\, y(x) = f(x)$, $y(0) = y(1) = 0$ (sendo $k > 0$ e $k \neq n\pi$ $(n = 1, 2, 3, ...)$.

RESPOSTAS

(1) $y(x) = \dfrac{(x-2)}{2} \displaystyle\int_0^x t\, f(t)\, dt + \dfrac{x}{2} \int_x^1 (t-2)\, f(t)\, dt.$

(2)

$$\begin{aligned} y(x) &= \frac{1}{k}[\operatorname{cotg}(k)\operatorname{sen}(k\,x) - \cos(k\,x)] \int_0^x f(t)\operatorname{sen}(k\,t)\, dt \\ &+ \operatorname{sen}(k\,x) \int_x^1 f(t)\, [\operatorname{cotg}(k)\operatorname{sen}(k\,t) - \cos(k\,t)]\, dt. \end{aligned}$$

Apêndice

Neste apêndice colocamos algumas definições e alguns resultados importantes que são pré-requisitos para a leitura deste manuscrito. Não apresentamos todas as suas demonstrações, mas indicamos uma referência onde a demonstração pode ser encontrada.

A - Notação de intervalo

Sejam $a, b \in \mathbb{R}$, com $a < b$. Usaremos as notações

$$
\begin{aligned}
[a,b] &= \{x \in \mathbb{R} : \ a \leq x \leq b\} \\
[a,b) &= \{x \in \mathbb{R} : \ a \leq x < b\} \\
(a,b] &= \{x \in \mathbb{R} : \ a < x \leq b\} \\
(a,b) &= \{x \in \mathbb{R} : \ a < x < b\} \\
[a,\infty) &= \{x \in \mathbb{R} : \ x \geq a\} \\
(-\infty,b] &= \{x \in \mathbb{R} : \ x \leq b\} \\
(-\infty,\infty) &= \mathbb{R}.
\end{aligned}
$$

B - Notação de limite lateral, supremo e ínfimo

$\lim\limits_{x \to a^+} f(x)$: limite lateral à direita,

$\lim\limits_{x \to b^-} f(x)$: limite lateral à esquerda.

Definição B1 (i) Seja $X \subset \mathbb{R}$ um conjunto limitado superiormente (ou seja, existe $M \in \mathbb{R}$ tal que $x \leq M$ para todo $x \in X$). Uma cota superior para o subconjunto X é um número $b \in \mathbb{R}$ tal que $x \leq b$ para todo $x \in X$ (ou seja, $X \subset (-\infty, b]$).
(ii) Um número $b \in \mathbb{R}$ é o *supremo* do subconjunto $X \subset \mathbb{R}$ quando b é a menor das cotas superiores de X. Escrevemos $b = \sup(X)$.

Assim, para que $b \in \mathbb{R}$ seja o supremo do subconjunto limitado superiormente $X \subset \mathbb{R}$, é necessário e suficiente que satisfaça as duas condições

(S1) $x \leq b$, para todo $x \in X$;

(S2) Se $c \in \mathbb{R}$ é tal que $x \leq c$ para todo $x \in X$, então $b \leq c$, ou em outras palavras, dado $c < b$ existe $x \in X$ tal que $c < x < b$.

Definição B2 (i) Seja $Y \subset \mathbb{R}$ um conjunto limitado inferiormente (ou seja, existe $K \in \mathbb{R}$ tal que $K \leq y$ para todo $y \in Y$). Uma cota inferior para o subconjunto Y é um número $a \in \mathbb{R}$ tal que $a \leq y$ para todo $y \in Y$ (ou seja, $Y \subset [a, \infty)$).
(ii) Um número $a \in \mathbb{R}$ é o *ínfimo* do subconjunto $Y \subset \mathbb{R}$ quando a é a maior das cotas inferiores de Y. Escrevemos $a = \inf(Y)$.

Assim, para que $a \in \mathbb{R}$ seja o ínfimo do subconjunto limitado inferiormente $Y \subset \mathbb{R}$, é necessário e suficiente que satisfaça as duas condições

(I1) $a \leq y$, para todo $y \in Y$;

(I2) Se $c \in \mathbb{R}$ é tal que $c \leq y$ para todo $y \in Y$, então $c \leq a$, ou em outras palavras, dado $a < c$ existe $y \in Y$ tal que $a < y < c$.

Teorema B3 (propriedades de supremo e ínfimo)
(1) (i) Seja $X \subset \mathbb{R}$, não vazio e limitado superiormente e $c \in \mathbb{R}$. Então $c \leq \sup(X)$ se, e somente se, dado qualquer $\varepsilon > 0$ existe $x_\varepsilon \in X$ tal que

$$c - \varepsilon < x_\varepsilon \leq \sup(X).$$

(ii) Seja $Y \subset \mathbb{R}$, não vazio e limitado inferiormente e $c \in \mathbb{R}$. Então $\inf(Y) \leq c$ se, e somente se, dado qualquer $\varepsilon > 0$ existe $y_\varepsilon \in Y$ tal que

$$\inf(Y) \leq y_\varepsilon < c + \varepsilon.$$

(2) Sejam $A, B \subset \mathbb{R}$ conjuntos não vazios e limitados. Temos

(i) $\sup(A+B) = \sup(A) + \sup(B)$
e $\inf(A+B) = \inf(A) + \inf(B)$;

(ii) Se $A \subset B$, então $\inf(B) \leq \inf(A) \leq \sup(A) \leq \sup(B)$;

(iii) Se $\lambda > 0$, então $\sup(\lambda A) = \lambda \sup(A)$;
e se $\lambda < 0$, então $\sup(\lambda A) = \lambda \inf(A)$.

C - Algumas propriedades de funções

Definição C1 Uma função $f : X \subseteq \mathbb{R} \rightarrow \mathbb{R}$ é limitada se existir uma constante $C > 0$ tal que $|f(x)| \leq C$ para todo $x \in X$.

Definição C2 Seja $f : X \subseteq \mathbb{R} \rightarrow \mathbb{R}$. Dizemos que f é
(a) crescente, quando para $x, y \in X$, $x < y$ implicar $f(x) < f(y)$;
(b) decrescente, quando para $x, y \in X$, $x < y$ implicar $f(x) > f(y)$;
(c) não decrescente, quando para $x, y \in X$, $x < y$ implicar $f(x) \leq f(y)$;
(d) não crescente, quando para $x, y \in X$, $x < y$ implicar $f(x) \geq f(y)$;
(e) Se uma função f satisfaz qualquer uma das condições (a),(b),(c) ou (d) dizemos que f é uma função monótona.

Definição C3 Uma função $f : X \subset \mathbb{R} \rightarrow \mathbb{R}$ é uniformemente contínua quando, para cada $\varepsilon > 0$, existe $\delta > 0$ tal que se $x, y \in X$, $|x - y| < \delta$ implicar $|f(x) - f(y)| < \varepsilon$.

Teorema C4 *Seja $X \subset \mathbb{R}$ um conjunto compacto. Toda função contínua $f : X \rightarrow \mathbb{R}$ é uniformemente contínua.*
Demonstração Veja Teorema 17, Cap. VII de [11]. □

Teorema C5 *Toda função contínua $f : [a, b] \rightarrow \mathbb{R}$ é integrável.*
Demonstração Veja Teorema 6, Cap. IX, em [11]. □

Teorema C6 (Teorema do Valor Médio) *Seja $f : [a, b] \rightarrow \mathbb{R}$ contínua. Se f é derivável em (a, b), existe $c \in (a, b)$ tal que*

$$f(b) - f(a) = f'(c)\,(b - a).$$

Demonstração Veja Teorema 7, Cap. VII em [11]. □

Teorema C7 (Fórmulas do Valor Médio para Integrais) *Sejam $f, g : [a, b] \rightarrow \mathbb{R}$, com f função contínua.*
(1) Existe $c \in (a, b)$ tal que

$$\int_a^b f(x)\,dx = f(c)\,(b - a).$$

(2) Se g é integrável e não muda de sinal, existe $c\in[a,b]$ tal que

$$\int_a^b f(x)\,g(x)\,dx = f(c)\int_a^b g(x)\,dx.$$

(3) Se g é positiva, decrescente, com derivada integrável, existe $c\in[a,b]$ tal que

$$\int_a^b f(x)\,g(x)\,dx = g(a)\int_a^c f(x)\,dx.$$

Demonstração Veja Teorem 12, Cap. IX em [11]. □

Definição C8 uma função $f:[a,b]\to\mathbb{R}$ é contínua por partes se existem pontos $a = x_0 < x_1 < x_2 < \dots < x_{n-1} < x_n = b$ tal que f é contínua em cada subintervalo (x_j, x_{j+1}) $(j = 0,1,\dots,n-1)$ e os limites laterais $\lim\limits_{x\to x_j^+} f(x)$ e $\lim\limits_{x\to x_{j+1}^-} f(x)$ existem e são finitos.

D - A Demonstração do Teorema de Fubini

Para a demonstração do Teorema de Fubini (Teorema 3.5) precisamos de três teoremas.

Teorema D1 (Teorema da integrabilidade) *Se $f:[a,b]\to\mathbb{R}$ é uma função contínua, então f é integrável em $[a,b]$*

Demonstração Veja em [11], Teorema 6, Capítulo IX. □

Teorema D2 *Seja $f:\Omega=[a,b]\times[c,d]\to\mathbb{R}$ uma função contínua e $F:[c,d]\to\mathbb{R}$, $F(y)=\displaystyle\int_a^b f(x,y)\,dx$. Então F é contínua.*

Demonstração Como f é uma função contínua no conjunto compacto $\Omega=[a,b]\times[c,d]$, então f é uniformemente contínua, ou seja, dado qualquer $\varepsilon>0$ existe $\delta=\delta(\varepsilon)$ tal que se $y, y_0\in[c,d]$ e $|y-y_0|<\delta$ então $|f(x,y)-f(x,y_0)|<\varepsilon$, para todo $x\in[a,b]$. Logo,

$$\begin{aligned}
|F(y)-F(y_0)| &= \left|\int_a^b f(x,y)\,dx - \int_a^b f(x,y_0)\,dx\right| \\
&\le \int_a^b |f(x,y)-f(x,y_0)|\,dx \\
&< \varepsilon\,(b-a),
\end{aligned}$$

ou seja, F é contínua em y_0 (para qualquer $y_0 \in [c,d]$). □

Teorema D3 (Teorema da inversão) *Seja* $f : [a,b] \times [c,d] \to \mathbb{R}$ *uma função contínua. Então*

$$\int_c^d \left[\int_a^b f(x,y)\,dx\right] dy = \int_a^b \left[\int_c^d f(x,y)\,dy\right] dx.$$

Demonstração O Teorema D1 e o Teorema D2 implicam a existência das duas integrais iteradas na igualdade acima. Vamos provar a igualdade. Como f é uniformemente contínua em $[a,b] \times [c,d]$, dado qualquer $\varepsilon > 0$ existe $\delta = \delta(\varepsilon)$ tal que se $|x - x_0| < \delta$ e $|y - y_0| < \delta$ então $|f(x,y) - f(x_0,y_0)| < \varepsilon$. Escolhendo n suficientemente grande para que

$$\frac{b-a}{n} < \delta \quad \text{e} \quad \frac{d-c}{n} < \delta \;.$$

e dividindo $[a,b] \times [c,d]$ em n^2 retângulos iguais subdividindo $[a,b]$ e $[c,d]$ em n partes iguais cada um. Para $j = 0,1,2,...n$ defina

$$x_j = a + \frac{(b-a)j}{n},$$
$$y_j = c + \frac{(d-c)j}{n},$$

podemos escrever $\displaystyle\int_c^d \left[\int_a^b f(x,y)\,dx\right] dy$ sob a forma de soma como

$$\sum_{k=1}^{n}\sum_{j=1}^{n} \int_{y_{k-1}}^{y_k} \left[\int_{x_{j-1}}^{x_j} f(x,y)\,dx\right] dy.$$

Agora aplicando duas vezes o Teorema do Valor Médio, obtemos que existem $\tilde{x}_j \in [x_{j-1}, x_j]$ e $\tilde{y}_k \in [y_{k-1}, y_k]$ tais que

$$\int_{y_{k-1}}^{y_k} \left[\int_{x_{j-1}}^{x_j} f(x,y)\,dx\right] dy = f(\tilde{x}_j, \tilde{y}_k)(x_j - x_{j-1})(y_k - y_{k-1}).$$

Logo,

$$\int_c^d \left[\int_a^b f(x,y)\,dx\right] dy = \sum_{k=1}^{n}\sum_{j=1}^{n} f(\tilde{x}_j, \tilde{y}_k)(x_j - x_{j-1})(y_k - y_{k-1}).$$

De forma análoga, agora aplicando na integral $\int_a^b \left[\int_c^d f(x,y)\,dy\right] dx$, existem $x_j^* \in [x_{j-1}, x_j]$ e $y_k^* \in [y_{k-1}, y_k]$ tais que

$$\int_a^b \left[\int_c^d f(x,y)\,dy\right] dx = \sum_{k=1}^{n}\sum_{j=1}^{n} f(x_j^*, y_k^*)(x_j - x_{j-1})(y_k - y_{k-1}).$$

Como $\tilde{x}_j, x_j^* \in [x_{j-1}, x_j]$ e $\tilde{y}_k, y_k^* \in [y_{k-1}, y_k]$, e usando que f é uniformemente contínua, obtemos

$$\begin{aligned}
&\left|\sum_{k=1}^{n}\sum_{j=1}^{n} f(\tilde{x}_j, \tilde{y}_k)(x_j - x_{j-1})(y_k - y_{k-1})\right. \\
&\qquad \left. - \sum_{k=1}^{n}\sum_{j=1}^{n} f(x_j^*, y_k^*)(x_j - x_{j-1})(y_k - y_{k-1})\right| \\
&\leq \sum_{k=1}^{n}\sum_{j=1}^{n} |f(\tilde{x}_j, \tilde{y}_k) - f(x_j^*, y_k^*)|(x_j - x_{j-1})\,(y - k - y_{k-1}) \\
&\leq \varepsilon \sum_{k=1}^{n}\sum_{j=1}^{n}(x_j - x_{j-1})\,(y_k - y_{k-1}) \\
&= \varepsilon\,(b-a)\,(d-c).
\end{aligned}$$

Como $\varepsilon > 0$ é arbitrário, concluimos que

$$\int_c^d \left[\int_a^b f(x,y)\,dx\right] dy = \int_a^b \left[f(x,y)\,dy\right] dx.$$

$\square$

Demonstração do Teorema de Fubini

Pelo Teorema da inversão, as duas integrais iteradas são iguais. Vamos demonstrar que

$$\int_\Omega\int f(x,y)\,dx\,dy = \int_c^d \left[\int_a^b f(x,y)\,dx\right] dy,$$

onde $\Omega = [a,b]\times[c,d]$. Para isso defina a função $F : [c,d] \to \mathbb{R}$, $F(y) = \int_a^b f(x,y)\,dx$.

Seja $P_1 : c = y_0 < y_1 < y_2, ... < y_{r-1} < y_r = d$ uma partição do intervalo $[c, d]$, e seja $P_2 : a = x_0 < x_1 < x_2 < ... < x_{s-1} < x_s = b$ uma partição do intervalo $[a, b]$. Considere P a partição de $\Omega = [a, b] \times [c, d]$ obtida utilizando os retângulos $[x_{k-1}, x_k] \times [y_{j-1}, y_j]$.
Seja $y_j^* \in [y_{j-1}, y_j]$ e observe que

$$\begin{aligned} F(y_j^*) &= \int_a^b f(x, y_j^*)\, dx \\ &= \sum_{k=1}^{s} \int_{x_{k-1}}^{x_k} f(x, y_j^*)\, dx. \end{aligned}$$

Pelo Teorema do Valor Médio, para cada j e k existe um ponto $x_{jk}^* \in [x_{k-1}, x_k]$ tal que

$$F(y_j^*) = \sum_{k=1}^{s} f(x_{jk}^*, y_j^*)\,(x_k - x_{k-1}).$$

Multiplicando por $(y_j - y_{j-1})$ e adicionando, obtemos

$$\sum_{j=1}^{r} F(y_j^*)\,(y_j - y_{j-1}) = \sum_{j=1}^{r}\sum_{k=1}^{s} f(x_{jk}^*, y_j)\,(x_k - x_{k-1})\,(y_j y_{j-1}).$$

Agora a expressão à esquerda é uma soma de Riemann (arbitrária) para a integral

$$\int_c^d F(y)\, dy = \int_c^d \left[\int_a^b f(x, y)\, dx\right] dy.$$

Com isso, mostramos que esta soma de Riemann é igual a uma soma particular de Riemann correspondente à partição P (de $\Omega = [a, b] \times [c, d]$). Como a função f é integrável em Ω, está assegurada a existência desta integral iterada e a sua igualdade à integral de f sobre Ω.

E - A Função Exponencial Complexa

Definição E1 Dado um número complexo $z = x + \mathrm{i}y$ ($\mathrm{i}^2 = -1$), a função exponencial complexa é definida por

$$f(z) = \mathrm{e}^z = \mathrm{e}^{x+\mathrm{i}y} = \mathrm{e}^x(\cos(y) + \mathrm{i}\,\mathrm{sen}(y)).$$

A função exponencial complexa possui as seguintes propriedades básicas:

$$\begin{aligned}
&(1)\ \mathrm{e}^{z_1}\,\mathrm{e}^{z_2} = \mathrm{e}^{z_1+z_2},\\
&(2)\ \mathrm{e}^{-z} = \frac{1}{\mathrm{e}^z},\\
&(3)\ (\mathrm{e}^z)^n = \mathrm{e}^{n\,z},\ \forall\, x, \mathbb{Z},\\
&(4)\ \mathrm{e}^z \neq 0,\ \text{para todo}\, z \in \mathbb{C},\\
&(5)\ \mathrm{e}^z = 1\ \text{se, e somente se}\ z = 2k\pi\mathrm{i},\ k \in \mathbb{Z},\\
&(6)\ |\mathrm{e}^z| = \mathrm{e}^{Re(z)},\\
&(7)\ |\mathrm{e}^{\mathrm{i}\,y}| = 1,
\end{aligned}$$

onde $Re(z)$ é a parte real de $z = x + \mathrm{i}, y$, ou seja, $Re(z) = x$.

F - Alguns resultados de equações diferenciais ordinárias

Temos o seguinte resultado de existência e unicidade de solução.

Teorema F1 (Existência e unicidade de solução) *Sejam $a_n(x)$,..., $a_1(x)$, $a_0(x)$ e $f(x)$ funções contínuas em um intervalo $[a, b]$, com $a_n(x) \neq 0$ para todo $x \in [a, b]$, e seja $x_0 \in [a, b]$. Então existe uma única solução para o problema de valor inicial*

$$\begin{cases}
a_n(x)\, y^{(n)}(x) + \ldots + a_1(x)y'(x) + a_0(x)y(x) = f(x), \text{ em } [a, b],\\
y(x_0) = y_1,\\
y'(x_0) = y_2,\\
\ldots\\
y^{(n-1)}(x_0) = y_{n-1},
\end{cases}$$

onde $y_1, y_2, \ldots, y_{n-1}$ são constantes.

Demonstração Veja Teorema 4.1, Capítulo 4 de [5]. □

No Capítulo 6 vamos precisar resolver algumas equações diferenciais ordinárias de ordem dois com coeficientes constantes e também algumas equações de Euler[12] de ordem dois.

(1) *Solução geral de equações diferenciais ordinárias homogêneas de ordem dois e com coeficientes constantes.*

Para determinar a solução geral de uma equação diferencial ordinária homogênea de ordem dois do tipo

$$a\,y''(x) + b\,y'(x) + c\,y(x) = 0,$$

onde $a, b, c \in \mathbb{R}$ e $a \neq 0$, precisamos simplesmente determinar as raízes da equação característica $a\lambda^2 + b\lambda + c = 0$ (uma equação polinomial de grau 2 na variável λ). Podem ocorrer 03 casos.

Caso 1: Existem duas raízes reais e distintas λ_1 e λ_2. A solução geral é da forma

$$y(x) = C_1\,\mathrm{e}^{\lambda_1 x} + C_2\,\mathrm{e}^{\lambda_2 x},$$

onde C_1 e C_2 são constantes.

Caso 2: Existe uma única raíz real $\lambda = \lambda_1 = \lambda_2$. Neste caso a solução geral é da forma

$$y(x) = C_1\,\mathrm{e}^{\lambda x} + C_2\,x\,\mathrm{e}^{\lambda x}.$$

Caso 3: Existem duas raízes complexas $\lambda = a + \mathrm{i}\,b$ e $\overline{\lambda} = a - \mathrm{i}\,b$. Neste caso a solução geral é dada por

$$y(x) = C_1\,\mathrm{e}^{a\,x}\cos(b\,x) + C_2\,\mathrm{e}^{a\,x}\,\mathrm{sen}(b\,x).$$

(2) *Solução geral da equação de Euler de ordem dois.*

A equação de Euler de ordem dois é do tipo

$$x^2\,y''(x) + b\,x\,y'(x) + c\,y(x) = 0.$$

[12]Leonhard Euler (1707 - 1783)

Para determinar a solução geral precisamos determinar as raízes da equação característica $\lambda(\lambda - 1) + b\,\lambda + c = 0$, que é uma equação polinomial de grau 2. Podem ocorrer três casos.

Caso 1: Existem duas raízes reais distintas λ_1 e λ_2. Neste caso a solução geral é

$$y(x) = C_1\,x^{\lambda_1} + C_2\,x^{\lambda_2}, \text{ para } x > 0.$$

Caso 2: Existe uma única raíz real $\lambda = \lambda_1 = \lambda_2$, e neste caso a solução geral é dada por

$$y(x) = C_1\,x^{\lambda} + C_2\,x^{\lambda}\ln(x), \text{ para } x > 0.$$

Caso 3: Existem duas raízes complexas $\lambda = a + \mathrm{i}\,b$ e $\overline{\lambda} = a - \mathrm{i}\,b$. A solução geral é da forma

$$y(x) = C_1\,x^{a}\cos(b\ln(x)) + C_2\,x^{a}\,\mathrm{sen}(b\ln(x)), \text{ para } x > 0.$$

Para os casos de equações diferenciais ordinárias com coeficientes constantes de ordem superior a dois e para a equação de Euler de ordem superior a dois, veja [6], [9] ou [14].

Exemplo F2 Considere a equação $y''(x) + y'(x) - 2y(x) = 0$. Sua equação característica $\lambda^2 + \lambda - 2 = 0$ possui raízes $\lambda_1 = 1$ e $\lambda_2 = -2$. Logo a solução geral é

$$y(x) = C_1\,\mathrm{e}^{x} + C_2\,\mathrm{e}^{-2x}.$$

Exemplo F3 Considere a equação de Euler de segunda ordem

$$x^2\,y''(x) + 2\,x\,y'(x) - 6\,y(x) = 0.$$

Sua equação característica é $\lambda(\lambda - 1) + 2\,\lambda - 6 = 0$, e tem raízes $\lambda_1 = 2$ e $\lambda_2 = -3$. Portanto, a solução geral é

$$y(x) = C_1\,x^2 + C_2\,x^{-3}, \text{para } x > 0.$$

Vamos agora exibir um método de obtenção de uma solução particular de uma equação diferencial não homogênea usando transformada de Laplace e sua inversa. Queremos determinar uma solução particular para o problema

$$(P)\begin{cases} y^{(n)}(x) + a_{n-1}\, y^{(n-1)}(x) ... + a_1 y'(x) + a_0\, y(x) = h(x), \text{ em } \mathbb{R}, \\ y(0) = y1(0) = ... = y^{(n-1)}(0) = 0, \end{cases}$$

onde os coeficiente $a_0, a_1, ..., a_{n-1}$ são constantes.

Pelo Teorema de Existência e Unicidade (Teorema F1), para cada função contínua $h(x)$, existe uma única solução $y(x)$ para o problema (P). Seja

$$\begin{aligned} &T : C^n(\mathbb{R}) \to C(\mathbb{R}) \\ &T(y) = y^{(n)}(x) + a_{n-1}(x)\, y^{(n-1)}(x) + ... + a_1(x)\, y'(x) + a_0(x)\, y(x), \end{aligned}$$

onde $C^n(\mathbb{R})$ denota o conjunto das funções $f : \mathbb{R} \to \mathbb{R}$ que possui derivadas até a ordem n contínuas (ou seja, $f, f', f'', ..., f^{(n)}$ são todas funções contínuas). Para cada função contínua h existe uma única $y = y(x) \in C^n(\mathbb{R})$ tal que $T(y) = h$. Logo, temos que T possui inversa e $T^{-1}(h) = y$.

Aplicando a transformada de Laplace no problema (P) (usando o Teorema 5.12 e a Observação 5.13), obtemos

$$p(s)\, \mathcal{L}\{y(x)\}(s) = \mathcal{L}\{h(x)\}(s),$$

onde $p(s) = s^n + a_{n-1}\, s^{n-1} + ... + a_1\, s + a_0$. Se $g(x)$ é uma função tal que $\mathcal{L}\{g(x)\}(s) = \dfrac{1}{p(s)}$, ou seja, $\mathcal{L}^{-1}\left\{\dfrac{1}{p(s)}\right\}(x) = g(x)$, então

$$\mathcal{L}\{y(x)\}(s) = \mathcal{L}\{g(x)\}(s)\, \mathcal{L}\{h(x)\}(s).$$

Portanto, usando o Teorema 5.21 e o seu inverso, obtemos que

$$\begin{aligned} y(x) &= (g * h)(x) \\ &= \int_0^x g(x-t)\, h(t)\, dt, \end{aligned}$$

é uma solução particular para o problema (P). Portanto, o operador T^{-1} é dado pela fórmula integral

$$\begin{aligned} T^{-1}[h](x) &= \int_0^x g(x-t)\,h(t)\,dt \\ &= \int_0^x K(x,t)\,h(t)\,dt, \end{aligned}$$

onde $K(x,t) = g(x-t)$ é chamada de função de Green para o problema (P).

G - Método das Frações Parciais

Uma função racional da forma $\dfrac{P(x)}{Q(x)}$ em que $P(x)$ e $Q(x)$ são polinômios com o grau de P menor que o grau de Q, tem uma expansão de frações parciais cuja forma é baseada nos fatores linear e quadrático de $Q(x)$, considerando que os coeficientes dos polinômios sejam números reais.

CASO 1 Se $Q(x) = (x-r_1)(x-r_2)...(x-r_m)$, onde os r_j $(j = 1, ..., m)$ são todos números reais distintos entre si. Então existem números reais $A_1, A_2, ..., A_m$ tais que

$$\frac{P(x)}{Q(x)} = \frac{A_1}{x-r_1} + \frac{A_2}{x-r_2} + ... + \frac{A_m}{x-r_m}.$$

Exemplo G1 Existem números reais A, B, e C tais que

$$\frac{7x-1}{(x+1)(x+2)(x-3)} = \frac{A}{x+1} + \frac{B}{x+2} + \frac{C}{x-3},$$

ou seja, $7x - 1 = A(x+2)(x-3) + B(x+1)(x-3) + C(x+1)(x+2)$. Resolvendo essa igualdade, obtemos $A = 2$, $B = -3$ e $C = 1$. Logo,

$$\frac{7x-1}{(x+1)(x+2)(x-3)} = \frac{2}{x+1} - \frac{3}{x+2} + \frac{1}{x-3}.$$

CASO 2 Seja $(x - r)$ um fator de $Q(x)$ e suponha que $(x - r)^m$ seja a potência de maior grau de $(x - r)$ que divide $Q(x)$. Então a parte da expansão em frações parciais de $\dfrac{P(x)}{Q(x)}$ que corresponde ao termo $(x-r)^m$ é

$$\frac{A_1}{x-r}+\frac{A_2}{(x-r)^2}+...+\frac{A_m}{(x-r)^m}.$$

Exemplo G2 Na função racional $\dfrac{P(x)}{Q(x)}=\dfrac{x^2+9x+2}{(x-1)^2(x+3)}$, o termo $(x-1)$ é um fator repetido de multiplicidade 2 e$(x+3)$ é um fator não repetido. Existem constantes A, B e C tais que

$$\frac{x^2+9x+2}{(x-1)^2(x+3)}=\frac{A}{x-1}+\frac{B}{(x-1)^2}+\frac{C}{x+3},$$

ou seja, $x^2+9x+2=A(x-1)(x+3)+B(x+3)+C(x-1)^2$. Resolvendo a igualdade, obtemos $A=2$, $B=3$ e $C=-1$. Logo,

$$\frac{x^2+9x+2}{(x-1)^2(x+3)}=\frac{2}{x-1}+\frac{3}{(x-1)^2}-\frac{1}{x+3}.$$

CASO 3 Considere que $(x-a)^2+b^2$ seja um fator quadrático de $Q(x)$ que não possua raízes reais. Suponha que m seja a potência mais alta de $(x-a)^2+b^2$ que divide $Q(x)$. Então, a parte da expansão em frações parciais que corresponde ao termo $[(x-a)^2+b^2]^m$ é

$$\frac{C_1x+D_1}{(x-a)^2+b^2}+\frac{C_2x+D_2}{[(x-a)^2+b^2]^2}+...+\frac{C_mx+D_m}{[(x-a)^2+b^2]^m}.$$

Para o cálculo da transformada inversa de Laplace é mais conveniente expressar C_ix+D_i na forma $A_i(x-a)+b\,B_i$. Logo, podemos escrever na forma equivalente

$$\frac{A_1(x-a)+B_1\,b}{(x-a)+b^2}+\frac{A_2(x-a)+B_2\,b}{[(x-a)+b^2]^2}+...+\frac{A_m(x-a)+B_m\,b}{[(x-a)+b^2]^m}.$$

Exemplo G3 Na expressão $\dfrac{P(x)}{Q(x)}=\dfrac{2x^2+10x}{(x^2-2x+5)(x+1)}$, o fator quadrático x^2-2x+5 não possui raízes reais. Podemos escrever $x^2-2x+5=(x-1)^2+2^2$. Logo,

$$\begin{aligned}\frac{2x^2+10x}{(x^2-2x+5)(x+1)} &= \frac{2x^2+10x}{((x-1)^2+2^2)(x+1)}\\ &= \frac{A(x-1)+2B}{(x-1)^2+2^2}+\frac{C}{x+1}.\end{aligned}$$

Com isso, $2x^2 + 10x = (A(x-1) + 2B)(x+1) + C(x - 2x + 5)$, e resolvendo a igualdade obtemos $A = 3$, $B = 4$ e $C = -1$. Logo,

$$\frac{2x^2 + 10x}{(x^2 - 2x + 5)(x + 1)} = \frac{3(x-1) + 8}{(x-1)^2 + 2^2} - \frac{1}{x+1}.$$

Exemplo G4 Podemos escrever a função racional

$$\frac{P(x)}{Q(x)} = \frac{x^3 + 2x^2 - 7x + 5}{(x+5)(x-1)^3}$$

na forma

$$\frac{x^3 + 2x^2 - 7x + 5}{(x+5)(x-1)^3} = \frac{A}{x+5} + \frac{B}{x-1} + \frac{C}{(x-1)^2} + \frac{D}{(x-1)^3}.$$

Resolvendo a igualdade, obtemos $A = 35/216$, $B = 181/216$, $C = -1/36$ e $D = 1/6$. Logo,

$$\frac{x^3 + 2x^2 - 7x + 5}{(x+5)(x-1)^3}$$
$$= \frac{35}{215}\left(\frac{1}{x+5}\right) + \frac{181}{216}\left(\frac{1}{x-1}\right) - \frac{1}{36}\left(\frac{1}{(x-1)^2}\right) + \frac{1}{6}\left(\frac{1}{(x-1)^3}\right).$$

Exemplo G5 Considere a função racional $\dfrac{P(x)}{Q(x)} = \dfrac{x^2 - x - 21}{2x^3 - x^2 + 8x - 4}$. Podemos escrever $Q(x) = 2x^3 - x^2 + 8x - 4 = (x^2 + 4)(2x - 1)$. Logo,

$$\frac{P(x)}{Q(x)} = \frac{x^2 - x - 21}{(x^2 + 4)(2x - 1)} = \frac{Ax + B}{x^2 + 4} + \frac{C}{2x - 1}.$$

Resolvendo a igualdade, obtemos $A = 3$, $B = 1$ e $C = -5$. Logo,

$$\frac{x^2 - x - 21}{(x^2 + 4)(2x - 1)} = \frac{3x + 1}{x^2 + 4} - \frac{5}{2x - 1}.$$

H - Unicidade da transformada de Laplace

Se $f, g : I \subset \mathbb{R} \to \mathbb{R}$ forem duas funções contínuas por partes e diferirem somente nos pontos de descontinuidade, pode ocorrer que tenhamos $\mathcal{L}\{f(x)\}(s) = \mathcal{L}\{g(x)\}(s)$, apesar de $f(x) \neq g(x)$.

Exemplo H1 Sejam $f, g : [0, \infty) \to \mathbb{R}$ definidas por

$$f(x) = \begin{cases} 0, & \text{se } 0 \leq x < 1, \\ 1, & \text{se } x \geq 1, \end{cases} \quad \text{e} \quad g(x) = \begin{cases} 0, & \text{se } 0 \leq x \leq 1, \\ 1, & \text{se } x > 1, \end{cases}$$

Temos que $\mathcal{L}\{f(x)\}(s) = \mathcal{L}\{g(x)\}(s) = \dfrac{\mathrm{e}^{-s}}{s}$, mas $f \neq g$.

Teorema H2 (Unicidade da Transformada de Laplace) *Sejam $f, g : [0, \infty) \to \mathbb{R}$ funções contínuas por partes e de ordem exponencial tais que $\mathcal{L}\{f(x)\}(s) = \mathcal{L}\{g(x)\}(s)$ para $s > s_0$. Então $f(x) = g(x)$, exceto possivelmente nos pontos de descontinuidade.*

Demonstração Definindo $h(x) = f(x) - g(x)$ e usando que a transformada de Laplace é linear, temos que

$$\mathcal{L}\{h(x)\}(s) = 0, \quad \text{para} \quad s > s_0.$$

Vamos supor que h seja uma função contínua. Caso h tenha descontinuidade, as integrais a seguir devem ser desmembradas em soma de integrais sobre intervalos onde h é contínua. Para $n = 0, 1, 2, 3, ...$, temos

$$\begin{aligned} 0 &= \mathcal{L}\{h(x)\}(s_0 + n) \\ &= \int_0^\infty \mathrm{e}^{-n\,x}\,\mathrm{e}^{-\,s_0\,x}\,h(x)\,dx \\ &= \int_0^\infty \mathrm{e}^{-\,n\,x}\,v'(x)\,dx, \end{aligned}$$

onde $v(x) = \displaystyle\int_0^x \mathrm{e}^{-\,s_0\,t}\,h(t)\,dt$ $(v(0) = 0)$.

Agora integrando $\displaystyle\int_0^\infty \mathrm{e}^{-\,n\,x}\,v'(x)\,dx$ por partes, obtemos

$$0 = \mathrm{e}^{-\,n\,x}\,v(x)\Big|_{x=0}^{x=\infty} + n\int_0^\infty \mathrm{e}^{-\,n\,x}\,v(x)\,dx.$$

Como $v(0) = 0$, e usando que se f é de ordem exponencial então a sua transformada de Laplace $F(s) = \mathcal{L}\{f(x)\}(s)$ também é de ordem exponencial (Teorema 5.9), temos que $\lim_{x\to\infty} e^{-nx} v(x) = 0$. Logo,

$$\int_0^\infty e^{-nx} v(x)\,dx = 0, \ n = 0, 1, 2, ... \tag{1}$$

Nos pontos onde $h(x)$ é contínua, temos que $v(x)$ é derivável e temos $v'(x) = e^{-s_0 x} h(x)$. Vamos provar que $v(x) = 0$, o que implicará $h(x) = 0$ (e portanto $f(x) = g(x)$).

Fazendo a mudança de variável em (1)

$$x = -\ln(t) \ \text{ e } \ u(t) = v(-\ln(t)),$$

obtemos

$$\int_0^1 t^n u(t)\,dt = 0, \ n = 0, 1, 2, ... \tag{2}$$

Agora, usando (2) temos que

$$\int_0^1 p(t)\,u(t)\,dt = 0, \tag{3}$$

para qualquer polinômio $p(t)$. Usando o Teorema de Aproximação de Weierstrass (Teorema 2.23), como $u(t)$ é uma função contínua em $[0, 1]$, para todo $\varepsilon > 0$ dado existe um polinômio $p(t)$ tal que $|u(t) - p(t)| < \varepsilon$ para todo $t \in [0, 1]$ (pela convergência uniforme). Logo,

$$\begin{aligned}&\int_0^1 |u(t) - p(t)|^2\,dt \\ &= \int_0^1 (u(t))^2\,dt - 2\int_0^1 u(t)\,p(t)\,dt + \int_0^1 (p(t))^2\,dt < \varepsilon.\end{aligned}$$

Como $\int_0^1 p(t)\,u(t)\,dt = 0$ (por (3)), então

$$\int_0^1 (u(t))^2\,dt \leq \int_0^1 (u(t))^2\,dt + \int_0^1 (p(t))^2\,dt \ < \ \varepsilon,$$

ou seja, $\int_0^1 (u(t))^2\,dt \leq \varepsilon$ para todo $\varepsilon > 0$. Portanto, $\int_0^1 (u(t))^2\,dt = 0$ e consequentemente $u(t) = 0$ para todo $t \in [0, 1]$ (pois u é uma função contínua). □

I - A Unicidade da Função Gama

A unicidade da função gama é demonstrada pelo Teorema de Bohr[13]-Mollerup[14]. Para essa demonstração precisamos de alguns resultados sobre funções convexas.

Definição I1 Seja V um espaço vetorial real. Um conjunto não vazio $U \subset V$ é chamado conjunto convexo se para todo $x, y \in U$ e $\lambda \in [0,1]$ temos $\lambda x + (1-\lambda) y \in U$.

Definição I2 Seja V um espaço vetorial real e $U \subset V$ um conjunto convexo. Uma função $f : U \to \mathbb{R}$ é uma função convexa se para todo $x, y \in U$ e $\lambda \in [0,1]$ vale a desigualdade

$$f(\lambda x + (1-\lambda)y) \leq \lambda f(x) + (1-\lambda) f(y).$$

Seja $I \subset \mathbb{R}$ um intervalo e seja $f : I \to \mathbb{R}$. Defina, para $x \neq y$ a função

$$R_f(x,y) = R(x,y) = \frac{f(x) - f(y)}{x - y}.$$

Para a demonstração do Teorema de Bohr-Mollerup vamos usar os seguintes lemas (que omitiremos a demonstração)

Lema 1 *Uma função $f : I \to \mathbb{R}$ é convexa se, e somente se, para todos $x, y, z \in I$ distintos, com $y < z$, temos $R(x,y) \leq R(x,z)$.*

Lema 2 *Seja $f : I \to \mathbb{R}$ uma função convexa. Então para quaisquer $w, x, y, z \in I$ com $w < x < y < z$ temos*

$$\frac{f(w) - f(x)}{w - x} \leq \frac{f(y) - f(x)}{y - x} \leq \frac{f(z) - f(x)}{z - x}.$$

Lema 3 *Seja $f : I \to \mathbb{R}$ uma função duas vezes derivável. Então, f é convexa se, e somente se, $f''(x) \geq 0$ para todo $x \in I$.*

---

[13] August Bohr (1887-1951)

[14] Johannes Peter Mollerup (1872-1937)

Teorema de Bohr-Mollerup *A função gama* $\Gamma(x) = \displaystyle\int_0^\infty e^{-t}\, t^{x-1}\, dt$ *(com* $x > 0$*) é a única função real definida em* $\mathbb{R}_+$ *que satisfaz as condições*

(i) $\Gamma(1) = 1$;

(ii) $\Gamma(x+1) = x\,\Gamma(x)$;

(iii) $\ln(\Gamma(x))$ *é uma função convexa.*

Demonstração A função gama satisfaz as condições (i) e (ii). Vamos demonstrar a condição (iii). Temos que

$$\Gamma'(x) = \int_0^\infty e^{-t}\, t^{x-1} \ln(t)\, dt,$$

$$\Gamma''(x) = \int_0^\infty e^{-t}\, t^{x-1} (\ln(t))^2\, dt.$$

Logo, usando a desigualdade de Cauchy-Schwarz, temos

$$\begin{aligned}
&(\Gamma'(x))^2 = \left(\int_0^\infty e^{-t}\, t^{x-1} \ln(t)\, dt\right)^2 \\
&= \left[\int_0^\infty \left(e^{-t/2}\, t^{(x-1)/2}\right)\left(e^{-t/2}\, t^{(x-1)/2} \ln(t)\, dt\right) dt\right]^2 \\
&\leq \left(\int_0^\infty e^{-t}\, t^{x-1}\, dt\right)\left(\int_0^\infty e^{-t}\, t^{x-1} (\ln(t))^2\, dt\right) \\
&= \Gamma(x)\,\Gamma''(x).
\end{aligned}$$

Portanto, $\dfrac{d^2}{dx^2}\big(\ln(\Gamma(x))\big) = \dfrac{\Gamma''(x)\,\Gamma(x) - (\Gamma'(x))^2}{(\Gamma(x))^2} \geq 0$ e com isso (pelo Lema 3) temos que a função $\ln(\Gamma(x))$ é convexa em $\mathbb{R}_+$.

Vamos agora demonstrar a unicidade. Seja G uma função definida em $\mathbb{R}_+$ satisfazendo as condições (i), (ii) e (iii). Se $y \in \mathbb{R}_+$, podemos escrever $y = m + x$, com $m \in \mathbb{N}$ e $0 \leq x < 1$. Se $y = m \in \mathbb{N}$ e $x = 0$, então temos $G(m) = \Gamma(m) = (m-1)!$. Além disso, como G e Γ satisfazem a condição (ii) temos

$$\begin{aligned}
G(y) &= G(m+x) = (x+m-1)(x+m-2)...\,x\,G(x), \\
\Gamma(y) &= \Gamma(x+m) = (x+m-1)(x+m-2)...\,x\,\Gamma(x).
\end{aligned}$$

Com isso, só precisamos provar que $G(x) = \Gamma(x)$ para todo $x \in (0,1)$.

Sejam $n \in \mathbb{N}$, $n \geq 2$ e $x \in (0,1)$. Como $\ln(G(x))$ é uma função convexa (condição (iii)), então (usando o Lema 2 nos pontos $n-1 < n < n+x < n+1$) temos

$$\begin{aligned} \frac{\ln(G(n-1)) - \ln(G(n))}{(n-1)-n} &\leq \frac{\ln(G(n+x)) - \ln(G(n))}{(n+x)-n} \\ &\leq \frac{\ln(G(n+1)) - \ln(G(n))}{(n+1)-n}. \end{aligned}$$

Com as condições (i) e (ii), temos $G(n+1) = n!$. Logo, na desigualdade acima obtemos

$$\ln(n-1) \leq \frac{\ln(G(n+x)) - \ln((n-1)!)}{x} \leq \ln(n).$$

Multiplicando essa desigualdade por x $(0 < x < 1)$,

$$x\ln(n-1) \leq \ln(G(n+x)) - \ln((n-1)!) \leq x\ln(n),$$

e agora somando $\ln((n-1)!)$, obtemos

$$x\ln(n-1) + \ln((n-1)!) \leq \ln(G(n+x)) \leq x\ln(n) + \ln((n-1)!),$$

e então

$$\ln((n-1)^x (n-1)!) \leq \ln(G(n+x)) \leq \ln(n^x (n-1)!).$$

Logo,

$$(n-1)^x (n-1)! \leq G(n+x) \leq n^x (n-1)!.$$

Como $G(n+x) = (x+n-1)...(x+n-2)...x\,G(x)$, então

$$\begin{aligned} \frac{(n-1)^x(n-1)!}{(x+n-1)(x+n-2)...x} &\leq G(x) \\ &\leq \frac{n^x(n-1)!}{(x+n-1)(x+n-2)...x} \\ &= \frac{n^x\, n!}{(x+n)(x+n-1)...x}\,\frac{x+n}{n}, \end{aligned}$$

que são válidas para todo $n \geq 2$ $(n \in \mathbb{N})$. Portanto, substituindo n por $n+1$ na primeira desigualdade obtemos

$$\frac{n^x\,n!}{(x+n)(x+n-1)...\,x} \leq G(x) \leq \frac{n^x\,n!}{(x+n)(x+n-1)...\,x}\,\frac{x+n}{n}.$$

Com isso, obtemos que

$$1 \leq G(x)\,\frac{(x+n)(x+n-1)...\,x}{n^x\,n!} \leq 1+\frac{x}{n} < 1+\frac{1}{n}.$$

Portanto, $G(x) = \lim_{n\to\infty} \frac{n^x\,n!}{(x+n)(x+n-1)...\,x}$ uniformemente em $(0,1)$. Como a função Γ satisfaz as condições (i), (ii) e (iii), ela satisfaz a mesma igualdade, ou seja,

$$\Gamma(x) = \lim_{n\to\infty} \frac{n^x\,n!}{(x+n)(x+n-1)...\,x}\,,$$

uniformemente em $(0,1)$. Com isso, concluimos que $G(x) = \Gamma(x)$ para todo $x \in (0,1)$. $\square$

Referências Bibliográficas

[1] R.G. Bartle, *The Elements of Integration*, John Wiley & Sons, Inc., New York, 1966.

[2] A.C.Cavalheiro, *Introdução à Análise Matemática*, Editora Ciência Moderna, Rio de Janeiro, 2014.

[3] L. Debnath e P. Mikusiński, *Introduction to Hilbert Sapces with Applications*, Academic Press, 1990

[4] D.G. de Figueiredo, *Análise de Fourier e Equações Diferenciais Parciais*, Projeto Euclides, IMPA, Rio de Janeiro, 1977.

[5] A.F.Neves e D.G. de Figueiredo, *Equações Diferenciais Aplicadas*, Coleção Matemática Universitária, IMPA, 2005.

[6] E.C. de Oliveira e M. Tygel, *Métodos Matemáticos para Engenharia*, Textos Universitários, SBM, 2010.

[7] C.S. Honig, *Análise Funcional e o problema de Sturm-Liouville*, EDUSP, 1978.

[8] C.S. Honig, *Análise Funcional e Aplicações*, Volume 2, Instituto de Matemática e Estatistica da Universidade de São Paulo, 1970.

[9] D. Kreider, D.R. Ostberg, R.C. Kuller e F.W.Perkins, *Introdução à Análise Linear*, Volume 1, Livro Técnico, 1972.

[10] D. Kreider, D.R. Ostberg, R.C. Kuller e F.W.Perkins, *Introdução à Análise Linear*, Volume 3, Livro Técnico, 1972.

[11] E.L. Lima, *Curso de Análise*, Volume 1, Projeto Euclides, IMPA, Rio de Janeiro (1982).

[12] E.L.Lima, *Curso de Análise*, Volume 2, Projeto Euclides, IMPA, Rio de Janeiro (1981).

[13] W.A.J. Luxemburg, *Arzela's Dominated Convergence Theorem for the Riemann integral*, Amer. Math. Monthly, Vol. 78, No. 9 (Nov. 1971), 970-979.

[14] J. Sotomayor, *Lições de Equações Diferenciais*, Projeto Euclides, IMPA, 1979.

[15] W.F. Trench, *Introduction to Real Analysis*, Pearson Education, 2003.

[16] D.G. Zill e M.R. Cullen, *Equações Diferenciais*, Volume 2, Makron Books, 2001.

Índice Remissivo

Anotações

Impressão e acabamento
Gráfica da Editora Ciência Moderna Ltda.
Tel: (21) 2201-6662